高等教育工业设计专业系列实验教材

U0383305

快 题 设 计
QUICK DESIGN
设 计 表 达 与 实 务
DESIGN EXPRESSION AND PRACTICE

王 军 戚玥尔 杨存园 潘 荣 等著

中国建筑工业出版社

图书在版编目（CIP）数据

快题设计：设计表达与实务／王军等著．—北京：
中国建筑工业出版社，2019.5
高等教育工业设计专业系列实验教材
ISBN 978-7-112-23441-7

Ⅰ.①快…　Ⅱ.①王…　Ⅲ.①工业设计－高等学校－
教材　Ⅳ.①TB47

中国版本图书馆CIP数据核字（2019）第044301号

本书系：
2018年教育部产学合作协同育人项目："产品快题设计创新思维与实训"（项目编
号：201802165014）成果；
2017年浙江省社会科学界联合会项目："面向区域产业融合的创新型工业设计人才
培养模式研究"（项目编号：2017N26）成果。

责任编辑：吴　绫　贺　伟　唐　旭　李东禧
书籍设计：钱　哲
责任校对：王宇枢

　　本书附赠配套课件，如有需求，请发送邮件至1922387241@qq.com获取，
并注明所要文件的书名。

高等教育工业设计专业系列实验教材

快题设计 设计表达与实务

王军　戚玥尔　杨存园　潘荣　等著
*
中国建筑工业出版社出版、发行（北京海淀三里河路9号）
各地新华书店、建筑书店经销
北京锋尚制版有限公司制版
天津图文方嘉印刷有限公司印刷
*
开本：850×1168毫米　1/16　印张：8½　字数：191千字
2019年6月第一版　　2019年6月第一次印刷
定价：56.00元（赠课件）
ISBN 978-7-112-23441-7
　　　（33694）

"高等教育工业设计专业系列实验教材"编委会

主　　编　潘　荣　叶　丹　周晓江

副 主 编　夏颖翀　吴　翔　王　丽　刘　星　于　帆　陈　浩　张祥泉　俞书伟　王　军
　　　　　　傅桂涛　钱金英　陈国东

参编人员　陈思宇　徐　乐　戚玥尔　曲　哲　桂元龙　林幸民　戴民峰　李振鹏　张　煜
　　　　　　周妍黎　赵若轶　骆　琦　周佳宇　吴　江　沈翰文　马艳芳　邹　林　许洪滨
　　　　　　肖金花　杨存园　陆珂琦　宋珊琳　钱　哲　刘青春　刘　畅　吴　迪　蔡克中
　　　　　　韩吉安　曹剑文　文　霞　杜　娟　关斯斯　陆青宁　朱国栋　阮争翔　王文斌

参编院校　江南大学　　　　　　东华大学　　　　　　浙江农林大学
　　　　　　杭州电子科技大学　　中国计量大学　　　　浙江工业大学之江学院
　　　　　　浙江工商大学　　　　浙江理工大学　　　　杭州万向职业技术学院
　　　　　　南昌大学　　　　　　江西师范大学　　　　南昌航空大学
　　　　　　江苏理工学院　　　　河海大学　　　　　　广东轻工职业技术学院
　　　　　　佛山科学技术学院　　湖北美术学院　　　　武汉理工大学
　　　　　　武汉工程大学邮电与信息工程学院

总 序
FOREWORD

仅仅为了需求的话，也许目前的消费品与住房设计基本满足人的生活所需，为什么我们还在不断地追求设计创新呢？

有人这样评述古希腊的哲人：他们生来是一群把探索自然与人类社会奥秘、追求宇宙真理作为终身使命的人，他们的存在是为了挑战人类思维的极限。因此，他们是一群自寻烦恼的人，如果把实现普世生活作为理想目标的话，也许只需动用他们少量的智力。那么，他们是些什么人？这么做的目的是为了什么？回答这样的问题，需要宏大的篇幅才能表述清楚。从能理解的角度看，人类知识的获得与积累，都是从好奇心开始的。知识可分为实用与非实用知识，已知的和未知的知识，探索宇宙自然、社会奥秘与运行规律的知识，称之为与真理相关的知识。

我们曾经对科学的理解并不全面。有句口号是"中学为体，西学为用"，这是显而易见的实用主义观点。只关注看得见的科学，忽略看不见的科学。对科学采取实用主义的态度，是我们常常容易犯的错误。科学包括三个方面：一是自然科学，其研究对象是自然和人类本身，认识和积累知识；二是人文科学，其研究对象是人的精神，探索人生智慧；三是技术科学，研究对象是生产物质财富，满足人的生活需求。三个方面互为依存、不可分割。而设计学科正处于三大科学的交汇点上，融合自然科学、人文科学和技术科学，为人类创造丰富的物质财富和新的生活方式，有学者称之为人类未来"不被毁灭的第三种智慧"。

当设计被赋予越来越重要的地位时，设计概念不断地被重新定义，学科的边界在哪里？而设计教育的重要环节——基础教学面临着"教什么"和"怎么教"的问题。目前的基础课定位为：①为专业设计作准备；②专业技能的传授，如手绘、建模能力；③把设计与造型能力等同起来，将设计基础简化为"三大构成"。国内市场上的设计基础课教材仅限于这些内容，对基础教学，我们需要投入更多的热情和精力去研究。难点在哪里？

王受之教授曾坦言："时至今日，从事现代设计史和设计理论研究的专业人员，还是凤毛麟角，不少国家至今还没有这方面的专业人员。从原因上看，道理很简单，设计是一门实用性极强的学科，它的目标是市场，而不是研究所或书斋，设计现象的复杂性就在于它既是文化现象同时又是商业现象，很少有其他的活动会兼有这两个看上去对立的背景之双重影响。"这段话道出了设计学科的某些特性。设计活动的本质属性在于它的实践性，要从文化的角度去研究它，同时又要从商业发展的角度去看待它，它多变但缺乏恒常的特性，给欲对设计学科进行深入的学理研究带来困难。如果换个角度思考也许会有帮助，正是因为设计活动具有鲜明的实践特性，才不能归纳到以理性分析见长的纯理论研究领域。实践、直觉、经验并非低人一等，理性、逻辑也并非高人一等。结合设计实践讨论理论问题和设计教育问题，对建设设计学科有实质性好处。

对此，本套教材强调基础教学的"实践性"、"实验性"和"通识性"。每本教材的整体布局统一为三大板块。第一部分：课程导论，包含课程的基本概念、发展沿革、设计原则和评价标准；第二部分：设计课题与实验，以 3~5 个单元，十余个设计课题为引导，将设计原理和学生的设计思维在课堂上融会贯通，课题的实验性在于让学生有试错容错的空间，不会被书本理论和老师的喜好所限制；第三部分：课程资源导航，为课题设计提供延展性的阅读指引，拓宽设计视野。

本套教材涵盖工业设计、产品设计、多媒体艺术等相关专业，涉及相关专业所需的共同"基础"。教材参编人员是来自浙江省、江苏省十余所设计院校的一线教师，他们长期从事专业教学，尤其在教学改革上有所思考、勇于实践。在此，我们对这些富有情怀的大学老师表示敬意和感谢！此外，还要感谢中国建筑工业出版社在整个教材的策划、出版过程中尽心尽职的指导。

叶丹　教授
2018 年春节

前言
PREFACE

　　快题设计是工业设计、产品设计专业学生必备的一项专业基本技能，能够直观地展现出设计者的各项专业综合素质，能够全面考察设计者的创意思维能力，分析与解决问题的能力，对人机工程、材料工艺、设计心理学等专业知识的掌握及运用能力，以及设计经验、美学素养还有手绘的表达能力。因此，快题设计已经成为硕士研究生入学考试的必考项目以及某些单位招聘设计师的考察手段之一。

　　有感于近年来学生对快题设计的学习热情和考研的需求逐年上升，然而却有许多同学反映缺少合理的学习方法的引导和针对性的学习资料，常有窥门径而难入的乏力感，导致学习效率不高。目前市场上也存在一些优秀的手绘类和快题设计类的教材或商业性书籍，但是要么偏重于理论阐述，要么偏重于技巧的解读，缺乏一定的系统性。鉴于此，本书希望能为同学和教师带来一本适用于快题设计学习、能够教学相宜的教材或参考书籍。

　　本书在内容上注重理论与实践训练相结合，重在实践，并首先提出了在快题设计中应用"原点·定义法"这一创新思维方法，且在第1章第3节做了具体阐述，希望这一方法能给同学提供有效的参考和解决方案。本书适用于工业设计、产品设计专业大三、大四的学生以及准备考研的学生，也适用于工业设计各层次的学生和工作人员，可作为教材或参考资料使用。

　　本书第1章由王军撰写，第2章由王军、戚玥尔、徐乐、郑旗理、周佳宇合作撰写，第3章由杨存园、王军合作撰写，由潘荣指导审核，最后由王军进行统稿修校。

　　本书能够顺利撰写得到了潘荣教授无私的帮助，让我得以砥砺前行，在此向潘荣教授致以最诚挚的感谢！还要感谢中国建筑工业出版社的编辑提供的机遇和支持；感谢承担整理资料等大量工作的研究生鹿国伟、楼可俅同学；感谢提供设计作品的李晓惠、汪婷、陈晓燕、裴嘉诚等应往届同学；感谢绘制插图的琚思远、王雯藜、陈旭、周欣怡、林艺茹、吴梦芸、陈姝颖、张博文、周巧宁、卢恒等多位同学，在此一并表示衷心的感谢。

　　本书是对本人多年教学实践的一个阶段性总结，限于作者学术未精，水平和学识有限，书中必定存在一些缺点和不足之处，衷心地期待读者批评指正。

王军

2018年4月

课时安排
TEACHING HOURS

■ 建议课时 56

课程	具体内容		课时
课程导论（16 课时）	课程基本概念	何为产品快题设计	1
		产品快题设计的常用领域	
		快题设计的考察重点	
		产品快题设计与完整产品设计的区别	
	快题设计的流程及要点	审题阶段	
		创想思考阶段	
		设计优化阶段	
		手绘表现阶段	
	快题设计创意方法	创意与方法	14
		快题设计创意步骤与方法	
	如何学好产品快题设计	养成关注"日常"的习惯	1
		不断扩大自己的内存	
		大量的手绘训练	
		用专业知识评价产品	
设计表达与快题应用（38 课时）	手绘表现技法	基础线条	8
		造型构想	
		色彩表现	
	快题设计详解	产品细节表达	12
		产品造型述说	
		产品场景表达	
	快题设计的应用研究	快题版面探索	18
		快题内容解析	
教学方法拓展及课程资源导航（2 课时）	快题设计能力训练及多样化教学方法	"寻找最优解"法	2
		"黄金 48 小时"法	
		元素导入法	
	快题优秀版面简析及欣赏	部分优秀版面简析	
		其他优秀版面欣赏	
	快题设计资源导航	优秀工业设计网站介绍	
		其他优秀工业设计网站推荐	

目 录
CONTENTS

01

第 1 章　课程导论

第1章 课程导论

1.1 课程基本概念

1.1.1 何为产品快题设计

产品快题设计是工业设计、产品设计专业的一门专业必修课，通过一系列的设计思维训练和快速表达的训练，逐步提升学生的专业综合素质。如图 1-1 所示为典型的产品快题设计作品。

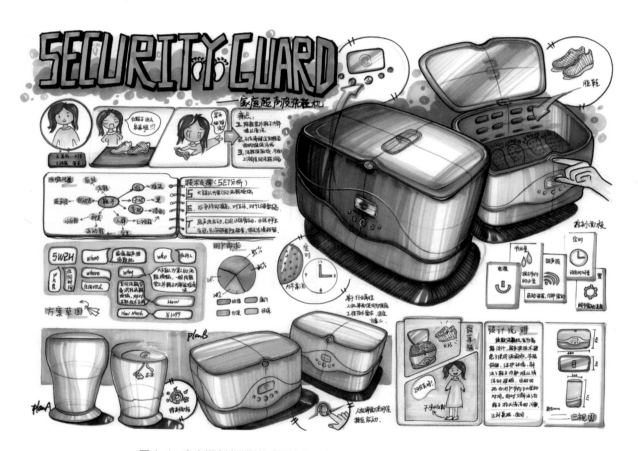

图 1-1 家庭超声波洗鞋机（设计者：李源枫、汪婷 / 指导：王军、陈思宇）

产品快题设计要求设计者在一段较短的时间内，创造性地完成指定的设计命题，并通过手绘的方式将设计方案的构思过程、形态与功能、结构与细节、使用方式以及文字说明等快速、完整、清晰地表现在图纸上。因此快题设计具有答题快速、创意新颖、解决合理、形态美观、表达清晰等特点，对提高学生的创意思维能力、专业知识综合运用能力以及手绘表达能力有着重要的作用。

根据不同的题目要求，产品快题设计的做题时间一般规定为 3 个小时，有的也有 6~8 个小时不等。做题的幅面尺寸也稍有不同，一般以 A3、A2 或 4 开纸居多。

1.1.2 产品快题设计的常用领域

目前，产品快题设计是工业设计专业、产品设计专业学生或设计师在研究生入学考试、应聘岗位以及日常学习、工作交流中必须掌握的一种基本技能。

1. 研究生入学考试方面

快题设计是目前高等院校工业设计专业研究生入学考试的必考科目，有些院校在复试中也会设置快题设计的考察科目，是学校考查学生综合专业素质和水平，确定考生能否具有继续深造资格的一种快速有效的考核手段。

2. 设计公司或者企业招聘员工方面

设计专业的毕业生在就业应聘期间，某些企业、设计公司等用人单位也需要设置相应的快题设计项目来考察应聘者的设计基本功和创新能力，以此作为入职招聘的必要条件。

3. 学习和工作中的交流方面

由于快题设计强调将设计思路用手绘的方式进行快速表达，在学生与教师、设计师与同事或客户的前期方案的探讨和交流过程中，具有快速、清晰、直观的优势，使双方能够快速理解对方的想法，达到高效沟通的目的。

1.1.3 快题设计的考察重点

通过在规定的时间内完成一个命题式的方案，能够直观地考察出设计者的专业综合素质与修养。一般来说，快题设计主要考察三个方面的能力：第一方面考察思维的能力，包括对问题的分析与解决能力、设计方案的快速创意构思能力；第二方面考察专业知识的掌握与运用能力，包括人机工程学、心理学、形态语义学、结构材料工艺、设计者自身设计美学素养以及设计经验的积累；第三方面考察快速手绘表达能力。我们以江南大学 2015 年工业设计方向专业设计真题为例，直观地了解一下快题设计的考察点。

【思考题】以"拯救低头族"为主题，设计一款产品（3个小时）。

设计要求：

（1）画出3个方案，对每个方案进行简短说明。

（2）在3个方案中选择一个进行深入刻画，做细致效果图。

（3）表达出最终方案的三视图（标注尺寸）、色彩方案、人机分析图。

（4）写出简要的设计说明。

（5）表现手法不限。

从出题的角度看，此题角度适中，不偏不怪，难度上体现了公平原则。因为低头族现象是目前社会一个热点问题，低头族就发生在考生身边乃至自己就是其中一员，所有考生应该对这种现象感同身受。

低头族的出现引发了一系列社会问题，如亲情、爱情沟通的缺失；如引发了一系列危险的动作行为以及对身体健康造成的影响；甚至给犯罪分子以可乘之机，比如趁家长不注意偷小孩、偷东西等。

题目首先要求用敏锐的眼光和正确的角度去发现相关问题，找到设计切入点，理性地去思考和分析问题。然后创造性地运用自己所学的人机工程学、形态语义学、心理学以及材料工艺等专业知识，设计出一个优良的方案去解决这一问题。最后通过优秀的手绘表现做出细致的效果图、三视图、色彩方案以及人机分析图，并将这些表现在绘图纸上，这又对考生的手绘表达能力提出了严格的要求。

从上面这道题可以看出，产品快题设计主要考察考生三个方面的能力，即创新思维能力、专业知识的掌握与运用能力、手绘表现能力，这三者之间的关系如图1-2所示。

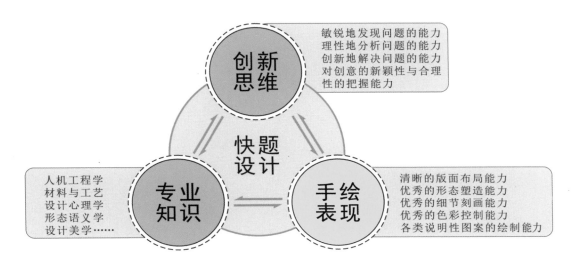

图 1-2　快题设计考察的三个方面的能力

这三个方面的能力相辅相成，环环相扣，体现了学生设计能力的综合素养，需要考生在平日的学习中进行刻苦的训练。

1.1.4　产品快题设计与完整产品设计的区别

1. 快题设计与完整产品设计对结果的要求不同

快题设计与完整产品设计的目标和任务基本一致，都是通过设计的手段来解决问题，但是设计的过程和对设计结果的要求不同。完整的产品设计最终要求呈现的是一件能够生产并能够带来良好市场销量的"真实用品"，而快题设计则更注重得到一个创新的、能够合理解决所述问题的"概念性方案"。

"设计是戴着镣铐的舞蹈"。通常，一个完整的产品设计有一个科学合理的设计周期，从最初项目的立项与策划、资料的调查与研究、设计概念的产生与对最终形态与功能的推敲、手绘与电脑图纸的表现，到材料的生产工艺乃至市场因素的考虑，每个环节都要保证有充分的时间对设计方案进行反复推敲、修改、完善，以保证方案的质量，因此需要设计者付出辛勤的劳动。

而快题设计的"镣铐"是相对放开的。由于是在相对封闭的空间和有限的时间内进行设计作业，缺乏充分的时间和条件去思考以及完成文献资料的查阅，并且快题设计的作品并不面对实际生产销售，因此受到生产工艺和市场销量的限制小。结合上述原因，快题设计更加注重运用创造性思维和深厚的专业知识来解决命题中所设的问题，最后所呈现出的结果其实更多的是一种概念性的设计。准确地说，快题设计是完整设计流程中的一个重要环节。

2. 快题设计与设计速写、手绘效果图的关系

快题设计表现上与速写和手绘效果图很相似，但在侧重点上是有区别的。设计速写偏重对灵感和想法的记录，强调速度；手绘效果图偏重对产品本身视觉效果的传达，注重技法和表现形式；而快题设计不仅强调产品外部形态、结构与细节的快速表现，而且还更加注重对构思和创意过程的说明以及整体版面表现和信息的传达。

【思考题】

（1）何为快题设计，有哪些特点？
（2）快题设计的考察重点是什么？
（3）快题设计与完整产品设计的区别？

1.2　快题设计的流程及要点

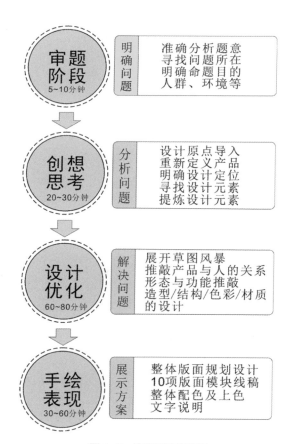

图 1-3　快题设计的流程

如前面内容所述，快题设计要求在一段集中的较短的时间内，完成从审题、创意设计、产品手绘表现的全过程，重点考察考生的三个方面的能力，从中我们可以总结出快题设计具有如下四个特点：时间短、创意新、形态美、手绘靓，这个特点决定了快题设计具有特有的流程与方法（图 1-3）。

1.2.1　审题阶段

审题是快题设计的第一步，拿到题目，应该先仔细分析题目类型，准确分析题意，明确题目中要求的一些关键信息点，例如用户群体、使用环境等，这里可以使用 5W2H 法辅助分析，帮助设计者初步捋清设计思路和设计的方向。

1.2.2 创想思考阶段

这里首先要明确设计问题与方向，然后进行创意发散与收敛。本书使用了创意原点与重新定义的方法可作为参考，最后进行设计元素的寻找与确定。

在创意的发散阶段要求天马行空地展开丰富的联想，首先使用创意原点导入，产品重新定义，提取关键词，寻找设计元素，提炼设计元素，对头脑中所能想到的元素进行排列组合，可从以下几个方面考虑，如人的生活方式、社会热点问题、社会文化传统等，并将之用文字或图形的方式提炼出来。这一步骤的任务就是发散思维，广泛撒网，要求创意越发散越好，想法越多越好，不要否定自己得到的任何想法。推荐使用联想法进行。

在创意收敛阶段主要是将题目所限制的一些条件列入，对上述的众多思路进行归纳整理，筛选符合题意的优秀的创意和思路，从中提取出优秀的3~5个创新点，进入下一步的设计阶段。

在创想思考阶段中可用的方法较多，可根据自己擅长的方法进行，如使用思维导图法、列举法或比较法等。

1.2.3 设计优化阶段

包括草图风暴——造型细化——方案定稿三个阶段。

第一步草图风暴，将上一步总结的创新点进行视觉化设计，这一步用快速的笔法来勾勒大脑中进发出的灵感，做到脑到笔到，不间断地在草稿纸上进行勾勒，此时是大脑中各种造型方案进发最活跃的时候，会涌现出一大批各种各样的产品概念与初步造型。

第二步造型细化，从草图风暴中摘选合理的方案进行设计优化，逐步推敲形态与功能的关系、使用的方式，明确各部位细节、色彩和材质。

第三步对设计方案进行定稿，此阶段的手绘方案基本上都是在草稿纸上进行的，不要求画的如何精细，只要画到对自己的方案部分的造型、结构、细节清晰明确便可，精细的刻画可以在最终的版面上描绘。

1.2.4 手绘表现阶段

第一步版面设计的整体布局（将在第二章第三节中详细阐述）。整体规划好版面布局，先用铅笔画勾勒出各个部分所占的图面空间和比例。版面上必要的元素有标题、课题分析、主方案效果图、备选方案图、使用情境图、功能细节图、文字说明以及一些必要的箭头、符号、注释指示性符号等。

第二步绘制版面设计十大模块要素的线稿图。在整体布局好的各个部分进行线条的细化处理，对十大模块要素进行刻画，绘制线描稿。

第三步整体配色方案及上色。首先进行整体色彩的规划布局，为保证整体色彩的统一，一般情况下要避免使用四种及四种以上的色彩。以一种颜色为主色调，包含产品色、背景色、辅助色。主要要求是以突出产品为主。

1.3 快题设计创意方法

创意是快题设计的核心，不仅构思要新颖独特，而且还要能够合理地解决问题。对大多数人而言，创意像一直在一种虚无缥缈却又触手可及的状态中徘徊，似乎就在眼前却又令人无从下手，因此怎样快速有效地捕获创意成为令人头疼的问题。尽管创意本身是虚无的，但是创意的能力是可以通过正确的方法去训练从而不断进化的，掌握了正确的创意方法，创意就会像工业流水线上的产品一样批量生产。

1.3.1 创意与方法

1. 感觉、灵感与创意

创意，就是将具有新颖性和创造性的想法，运用到生活中。

有人讲，创意依靠人的感觉和灵感。这只是一种表象的说法，没有深入到创意的本质，是片面的。

原研哉在《设计中的设计》一书中提出了"brain is everywhere in the body"，也就是"综合感觉"。人不仅仅是一个感官主义的接受器官的组合，同时也是一个敏感的记忆再生装置，能够根据记忆在脑海中再现出各种形象，在人脑中出现的形象，是同时由几种感觉刺激和人的再生记忆相互交织而成的一幅宏大图景。[1]

袁隆平说过，"灵感是知识、经验、追求、思索与智慧综合实践在一起而升华了的产物"。灵感是一个人在对某一问题长期孜孜以求的思索之后，通过某一事件或事物诱导启发，与一种新的思路的突然接通。正常人都可能出现灵感，只是水平高低不同而已，并无性质的差别。

我们承认，感觉和灵感是虚无缥缈、突如其来、稍纵即逝的，但是以上两位不同国别不同领域的名人却不约而同地都指向了一点——感觉和灵感来源于人脑中原有存储的知识、记忆和经验。

创意同样也来源于人脑中原有的知识、记忆和经验，但是与灵感不同，创意是人们经过主动地思考、联想后再加工的新产物。

下面两个简单的公式可以概括灵感和创意的区别：

灵感 =（知识 + 记忆 + 经验）90% × 诱发物（事件）10%（随机性、被动性）

创意 =（知识 + 记忆 + 经验）90% × 联想 10%（常态性、主动性）

从上述两个公式可以看出灵感和创意的区别在于一个是随机性的，是被动触发的，而另一个则是常态性的，是主动去探索的。但是两者都有一个重要的共同点，那就是需要本人通过长期实践，不断学习、不断累积知识、记忆和经验。

---

① （日）原研哉. 设计中的设计 [M]. 朱锷译. 济南：山东人民出版社，2006.

2. 提高自己的创意能力

灵感是创意的重要因素，但是与灵感被动地、随机地产生不同，创意中的灵感是需要主动地通过联想等方法去触发的，从而不断增强灵感出现的频率。一个人主动触发灵感的能力越强，我们就称其创意能力越强。

让我们重新再来看看这个公式：

创意 =（知识 + 记忆 + 经验）90% × 联想 10%（常态性、主动性）

从这个公式中可以看出，要提高自己的创意能力，需要从两个方面进行长期的努力和训练。

首先要增加自己的知识储备，多看、多想、多做。因为不论是灵感还是创意，它们都依赖于人们的知识、经验和记忆。这不仅需要平时多学习各种知识充实自己，也需要保持对生活中各种事物的注意、观察、思考、实践，不断地积累经验。

其次，运用一系列科学的方法训练自己的联想能力，增强主动诱发灵感的能力。这些方法是一些创意思维方法，如联想练习、思维导图、检核表法、列举法等。

3. 设计过程中常用创新思维的方法

创新设计思维的三个阶段及其所使用的方法：

发散构思阶段：时间短、速度快、数量多、发散广。

收敛分析阶段：甄别筛选、缩小范围、合并创意。

归纳整理阶段：归纳整理、明确方案、精益求精。

这三个阶段可以分别运用不同的创新思维方法进行，如图 1-4 所示。

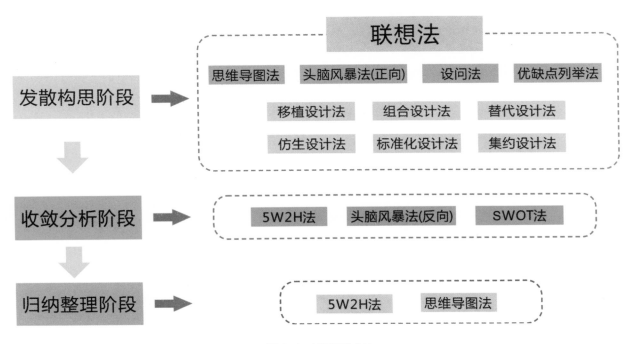

图 1-4 创新思维方法

（1）第一阶段　发散构思阶段

主要运用联想法进行。笔者认为，将"联想"称为一种方法是不准确的，联想应该是大脑思维过程中的最基本、最广泛的一种能力，我们目前所用到的许多创新方法都必须依靠这种联想能力来展开。如思维导图法、头脑风暴法、设问法、列举法、移植法、组合法、替代法、仿生法、标准化设计法、集约化设计法等，这些方法只是具体运用的方式不同而已，但都必须依靠联想能力为基础来展开。

在这一阶段，要求创意的数量要尽可能"多"，学生应该运用自己平时最擅长的某种或几种创新的方法，尽可能多地解放思维，展开丰富多彩的联想，从而产生大量的创意。这个阶段不可用过多的条件来约束和限制自己，应该让自己的想法天马行空，设计的灵感就是从这些丰富的联想的火花中碰撞呈现的。

（2）第二阶段　收敛分析阶段

这个阶段应该沉下心，将题目所限定的一些条件列出，从第一阶段联想出来的多个创意中初步筛选出符合要求的一些创意。在筛选的过程中也可以将多个不同的创意进行整合，产生新的创意。在快题设计的过程中，一般使用 5W2H 法、反向头脑风暴法。

（3）第三阶段　归纳整理阶段

将第二阶段筛选出来的创意进一步进行整合、归纳，筛选出最合理的方案。可以用 5W2H 法、思维导图法进行设计定位。

在实际的快题设计应用中，这三个思维步骤的实施与使用的方法因人而异，各人也有自己所擅长使用的方法，这并不影响创意思维的产生。无论怎样，科学的思维方法对好的创意的产生有积极的作用。

1.3.2　快题设计创意步骤与方法——原点·定义法

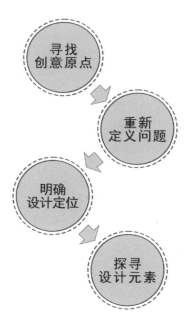

图 1-5　原点·定义法的四个步骤

在产品快题设计的创想思考过程中，需要设计者发散思维和收敛思维，快速寻找自己所需要的创意。本书在这里介绍一种快速产生创意的方法——原点·定义法，供学习者参考。

原点·定义法共分为 4 个步骤，如图 1-5 所示，第一步，寻找创意原点。这一步的作用主要是帮助设计者打破思维定势，开拓思维脉络。第二步，重新定义问题。承续第一步创意原点并结合题目的要求，将题目中所要求的产品设计问题进行转化并重新定义。目的是对复杂的问题进行简化和转化，去枝取干，从一个全新的角度去看待旧有的问题，得出创新的方向。第三步，进行设计定位并确定设计关键词。可从功能、造型、色彩、材质，以及结合 5W2H 法来寻找设计关键词。这一步决定了产品设计的具体方向。第四步，探寻设计元素。从产品设计的社会意义、造型、结构、材质等方面进行设计元素的探寻，为下一步开始进行具体的产品设计奠定基础。这四个步骤一脉相承、环环相扣，对快题设计创意的产生和确定有很大的作用。

1. 寻找产品的"创意原点"——破与立，快速打破定势思维，有效开拓思维脉络

创意原点对于产品设计具有"破与立"作用——即打破原有的定势思维，建立更加开阔的思维脉络。任何产品的设计，都面临着对产品本质属性的探究，即这件产品归根到底究竟需要解决什么问题，这个问题就是"创意原点"。

"创意原点"可以帮助我们抛开纷繁复杂的外部因素和表面现象带来的困扰和表面迷惑，让我们直面事物的本质，进而帮助我们打破原有产品在人脑海中产生的固有印象，即定势思维，从而扩展思维脉络，有效地得到各种优秀的创意。

关于"原点"的概念，国内学者叶丹主张从"原点"看设计[1]，认为设计的原点就是设计的基础，应该从"基础"开始探索设计思维的产生、发展的过程，抓住形态形成的原因及规律，包括人文、历史和生活方式的演变。

现代汉语词典对基础的解释是"事物发展的根本或起点"。本书非常认同叶丹先生提出的将"原点"作为产品设计的基础也就是创意的根本起点或突破点，不同之处是本书中提出的快题设计"创意原点"希望不仅是解决形态设计上的突破点，还能拨开迷雾，在产品问题的解决上以及产品功能的创新上找到突破点，这也是快题设计的属性所要求的。

寻找"创意原点"，要求拨开围绕在产品上的一切附加属性的干扰，直接寻找产品最初级、最简单，也就是初始状态下要解决的根本问题。

例 1：椅子设计

椅子的功能是什么？是坐吗？错！

椅子的造型是什么？四条腿 + 靠背 + 扶手？一定是这样吗？

以上两个答案都是表面现象，是定势思维搞的鬼。

定势思维通常会让我们的脑海中浮现出许多见过的椅子的造型，如四条腿、椅背、扶手等这些元素或结构，这些表面现象迷惑了我们的眼睛，束缚了我们的思维，限制了我们的创想空间（图 1-6）。

图 1-6 椅子设计（设计者：徐乐）

---

[1] 叶丹. 基础设计 [M]. 南昌：江西美术出版社，2010.

我们不妨追溯一下椅子的身世，就会有一些新的发现！

我们可以先问自己几个问题：古代人在有了椅子之前坐不坐？为什么而"坐"？是怎么"坐"的？

历史资料显示，没有椅子之前古时正式场合都是席地而坐。席地而坐也分很多种，有跪坐、踞坐、盘坐、踞坐（蹲踞、箕踞），到汉代产生了胡床，到了唐代才出现了椅子的原型。而人们在非正式场合的时候，可以找到一节树桩、一块石头、一个台阶来坐，在这些"坐"的情形中，虽然场合、动作、用具、姿态各不一样，但是其根本目的是一样的，就是为了得到休息和放松。

因此我们得出结论，"坐"只是一个动作，一种状态，但是促使产生这种状态的最根本原因是"休息"，"坐"这个动作以及"坐具"都不是最真实的目的，"坐"是为人休息和放松而服务的。所以应该是先有了"休息"的需要，才有了"坐"这个动作，而"坐"是需要有物体来支撑的，由此我们可以得出椅子的创意原点——让人体放松休息的"支撑物"[①]。支撑物的概念就非常宽广了，一节树桩、一块石头、一条布、一堆纸……都可以做到支撑的功能。顺着这个原点，我们的思维就会豁然开朗了，一砖一瓦、一石一木、一颗螺钉，甚至是一把伞都可以是作为椅子的创意设计原型，如图 1-7 所示。

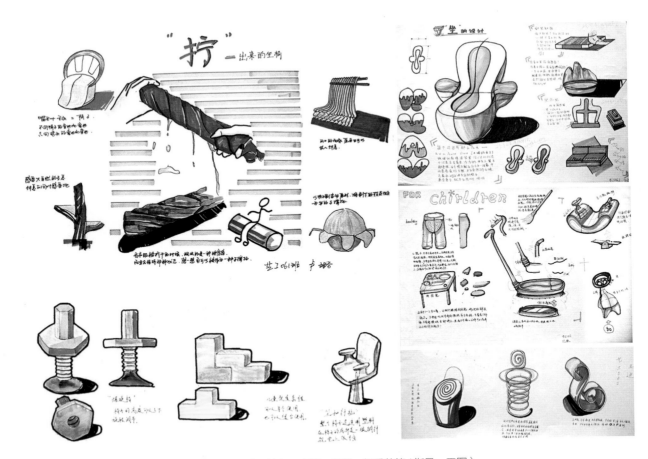

图 1-7　人体支撑物设计（设计者：卢璐、王翎、赵秀芝等 / 指导：王军）

① 叶丹，张祥泉. 设计思维 [M]. 北京：中国轻工业出版社出版，2015.

例2：洗衣机创新设计

洗衣机是干什么的？洗衣服？错！让衣物"干净"才是目的。先有"干净"的需求，才有后来的洗衣机。

洗衣机的创意原点——让衣物"干净"的工具。

围绕"干净"这个概念出发，我们可以探究如何让衣物干净的方法，比如从原始的手搓脚踩、棒槌捶打，后来的波轮、滚筒、超声波，甚至还能有更新科技。从这点去思考，打破现有洗衣机的工作原理和方式，能够发现创新性的思维。这样不仅能从功能上找到突破口，还能从形态的设计上得到更大的自由度。

【思考题】以任意一个产品为例，探讨它的创意原点。

2. 对设计问题的重新定义——模糊定义法

创意原点是宽泛的，对后续的设计有多种发展方向，在得出"创意原点"后，还需要对产品要解决的问题进行重新地定义，定义是问题求解过程中最关键的一步，怎样定义问题往往影响着问题求解的过程，因此，问题定义本身是求解的一种规划和愿望。对问题的重新定义也使用思维导图来辅助寻找思路。

让我们接上面的案例。

例1：椅子设计

创意原点：人体支撑物

模糊定义1：一个能够让人双腿放松，得到休息的支撑物。

这种抽象的定义方法不仅提供了拓展思维的可能性，而且更加贴切问题的本质。避免了一块板面四条腿，一对扶手一靠背的传统椅子的定式思维。

模糊定义2：一个不太舒适，提供短暂休息的支撑物。

模糊定义3：可以和你的屁股亲密接触的东西都叫椅子！

模糊定义4：床也是椅子的一种，是一种休息的很彻底的椅子！

模糊定义5：椅子也是坐骑。

模糊定义6：椅子一定是要"坐"的吗？

例2：灯具设计

创意原点：发光物

模糊定义1：一种能够解决眩光问题的发光物体。

模糊定义2：一种能产生复杂光影的发光物体。

模糊定义3：一种在小范围产生微弱光照的发光物体。

模糊定义4：一种自动感应周围光线并发光的物体。

模糊定义5：一定要用"电"吗？

例 3：捕鼠器设计

创意原点：减少老鼠的干扰

模糊定义 1：如何摆脱和驱赶老鼠的器具。

模糊定义 2：如何诱捕并困住老鼠的器具。

模糊定义 3：如何有效杀死老鼠的器具。

例 4：洗衣机设计

创意原点：使衣物"干净"的工具

模糊定义 1：通过某种技术使衣物上的污渍分离的工具。

模糊定义 2：增加家人亲情的衣物干净清洁器。

模糊定义 3：能让人运动健康的衣物干净清洗设备。

模糊定义 4：可进行能量转换的洗衣设备。

例 5：公共汽车设计

创意原点：使多人共同移动的工具

模糊定义 1：通过某种方式，将多人从某地运至某地的运送工具。

模糊定义 2：保护乘客隐私的公共交通工具。

模糊定义 3：智能多人公交系统。

3. 设计定位

如果说创意原点与模糊定义界定了设计创意的大方向，那么设计定位就是将这个大方向的内容具体化。设计定位可以通过 5W2H 法来帮助确定，并进一步总结关键词。

例 1：购物中心公共椅的设计

创意原点：人体支撑物

模糊定义：一个能够让购物者得到短暂休息的人体支撑物。

Why：为顾客在购物过程中提供舒心的购物及玩乐体验。

What：提供一个多功能、时尚现代的购物中心公共座椅。

Who：前来购物的顾客、女性顾客的丈夫、老人。

When：顾客购物短暂休息期间。

Where：大厅、通道。

How：造型时尚，坐感不舒适，使人不能久坐。

How much：3~5 人同时使用。

关键词：时尚、多功能、短暂休息

例 2：休闲观光自行车设计

创意原点：小型人力运输装置

模糊定义：一种把人或物体从某处运往另一处的小型人力运输装置。

Why：为游客提供轻松、舒适的旅游体验。

What：提供一个安全、舒适、方便携带包裹的观光自行车

Who：管理员、游客、情侣、三口之家。

When：游览景点以及休闲。

Where：景区道路、公园等。

How：安全感、轻松、存储和取用方便，可使用智能导航和支付系统。

How much：2~4 人同时使用。

关键词：人力、运送、小型、便携

例 3：钟表创意设计

创意原点：时间指示装置

模糊定义：一种通过某种事物的变动来指代时间变化的计时器（因为时间是无形的）。

Why：为用户指示时间。

What：通过某种事物的变化来指示时间的变化。

Who：人群不限。

When：时间不限。

Where：地面、墙面、手腕、书桌、卧室、厨房、运动场。

How：各种事物：液体、气体、齿轮、燃香、弹簧、秋千，日月……

各种变化方式：流动、转动、滑动、消失、出现、破碎、燃烧……

不同结构：扇形、履带、气垫、方形轮子……

材料技术：激光、LED、木材、太阳能驱动、人力驱动……

How much：暂时不考虑成本。

关键词：某物的变化、替代时间

然后将设计定位进行文字化表述，写出具有核心作用的文字，在 30~50 字左右，同时也可定出命题（产品）标题，标题可以是形象概括，也可以是内容提要。

使用设计定位后，产品的设计方向已经基本清晰了，下一步就可以通过模糊定义和设计定位的限定，探寻设计元素。

4. 探寻设计元素——寻找功能创新元素和造型创新元素

创意原点打破了定势思维，重新模糊定义以及关键词的确定让我们找到了设计方向，但距离具体的产品设计方案还有一段距离，这就要求寻找创意设计元素。我们可从两个方面进行寻找：功能创新元素和造型创新元素，如图 1-8 所示。

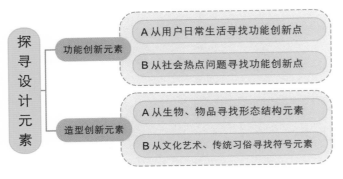

图 1-8　探寻设计元素

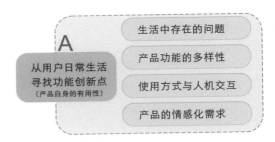

图 1-9　A 从用户日常生活寻找功能创新点

（1）寻找功能创新元素

1）A 从用户日常生活寻找功能创新点

如图 1-9 所示，生活永远是产品创意取之不尽用之不竭的源泉，研究用户的日常生活方式，可以找到许多实际存在的问题，将这些问题进行分析思考，很容易就能从中发现一些新的产品机会和新的功能元素。譬如刮风的雨天打雨伞时的安全问题，由于不得不压低伞面从而减少了人们的可视范围，极易发生交通事故，存在很大的安全隐患。如图 1-10 所示防风可视雨伞，设计了透明的视窗，用来解决这一问题；还有令人忧伤不已，永远不能同时使用两个插孔的插座；容易被风吹走的户外晾衣架；新衣服后颈处令人不舒服的商标；痛苦的套上被套的过程；看似方便实际不方便的一次性鞋套等。如图 1-11，由于发现家庭日常生活中产生的塑料袋常常被人们存储起来作为垃圾袋使用，设计师设计了这个两用收纳盒，同时解决了日常塑料袋的收纳问题和去向问题。

图 1-10　防风可视雨伞（设计者：吴梦芸 / 指导：王军）

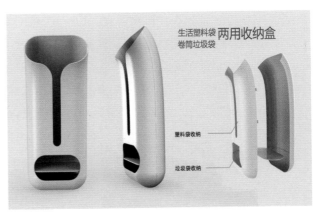

图 1-11　生活塑料袋与卷筒垃圾袋两用收纳盒
（设计者：吕成 / 指导：王军、陈国东）

面对这些生活工作中的问题，我们不仅要设计出相应的合理功能来解决，同时还要考虑到人们在使用这件产品时的使用方式与人机交互，以及人的情感方面的因素。

2）B 从社会热点问题寻找功能创新点

如图 1-12 所示，从社会热点问题出发的产品设计，往往使得产品具有了正面的社会意义和公益属性，也就是现在人们常说的"正能量"，从而拔高了产品设计的立意高度，这一点特别是对快题设计的选题与创意方向来讲意义重大。这些社会热点问题包括绿色环保、污染问题、生命安全、救灾与人文关怀、城市交通拥挤问题、住房面积、特殊人群、老龄化、二胎政策下新出现的社会问题、共享经济以及智能生活等。学生平时应该多关注这些社会热点问题，多思考这一类问题产生的原因、带来的问题和现象，关注已有的产品或解决方式，再从自己的角度去思考和评价，乃至给出自己的解决方法。做到这些在设计的时候就容易做到心中有数，轻松地找到正确的设计方向。

如图 1-13 从关爱护士、清洁工的角度，以及有效分类回收医疗垃圾的角度出发进行设计，内部设计有塑料和金属垃圾分类并粉碎装置，使用时只需将医疗垃圾投入该处理器即可将金属和塑料粉碎并分类，减轻护士工作负担，提高医务人员工作效率，减少针头对清洁工的二次伤害，使之安全、便捷、有序。

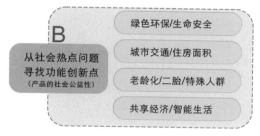

图 1-12 B 从社会热点问题寻找功能创新点

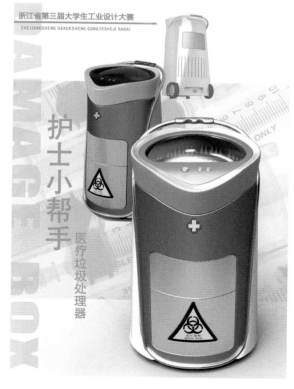

图 1-13 护士小帮手——医疗垃圾处理器
（设计者：林丹慧、陈旻 / 指导：陈思宇、王军、陈国东）

图 1-14 纸箱的逆袭
（设计者：赖胜利、段伟康 / 指导：王军、陈国东、陈思宇）

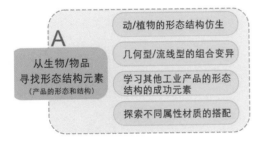

图 1-15 从生物 / 物品寻找形态结构元素

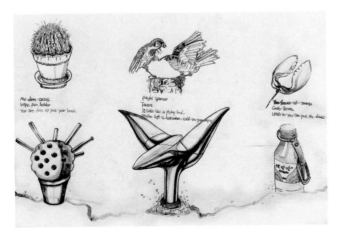

图 1-16 从动物和植物中提取的造型设计元素
（设计者：蒋南风 / 指导：王军）

如图 1-14 纸箱的逆袭，关注网购引发的纸箱的泛滥以及浪费的问题，在纸箱的内部印刷上折叠的线，引导人们二次利用纸箱，在自己动手做成各种 DIY 家具物品的过程中，多了一份乐趣和诗意。

（2）从寻找外部形态、结构原理方面寻找形态及结构设计元素

1）A 从生物 / 物品寻找形态结构元素（产品的形态和结构）

如图 1-15 所示，产品的形态和结构设计元素可以从四个方面来寻找。第一，大自然中的形形色色的动物和植物为产品设计提供了无穷无尽的素材，工业设计史上许多经典的产品设计就来自于对自然界生物造型或结构的仿生，图 1-16 所示为从动物和植物中提取的造型设计元素设计的产品。第二，产品的形态还可以从几何型、流线型形态的组合变异中进行设计，实际上绝大多数工业产品的外形的粗坯就来自于几何造型的组合变化。图 1-17 景区自动扫地机的设计，造型基本元素是三棱柱和椭球体的组合。在流线型产品的设计中，被认为是当今时代最具颠覆性的设计师德国设计师路易吉·克拉尼 [1]（Luigi Colani）认为："宇宙中没有直线"，"地球是圆的，我的世界也是圆的"，以此设计出了大量脍炙人口的流线型的设计作品。第三，可以从现有的工业产品中借鉴其优秀的造型或结构元素。根据自己的产品设计进行变异进化，这一点在目前社会上现

① 霍郁华等. 我的世界是圆的 [M]. 北京：航空工业出版社，2005.

实的工业设计创新和改良中屡屡见到，往往能获得市场上的成功。图 1-18 多彩拉杆箱设计，从变形金刚的形态中提取设计元素。第四，从产品的材质上进行突破，尝试运用不同的材质以及搭配对产品的外观进行突破性改变。

图 1-17 是一台景区自动扫地机的设计，造型基本元素是三棱柱和椭球体的组合。设计着眼于江南城市中大大小小的景区环境，景区的垃圾打扫一直是个难点，路程长，面积大，人为清扫已经不能满足其需求，因此需要一台自动设备来完成。设备内部装有蓄电池，电量可供使用 8 个小时，设备应用红外线技术搜索垃圾进行清扫，并能将收集的垃圾压缩处理，快速且节省空间的处理景区内垃圾。

图 1-17 景区自动扫地机
（设计者：李正演、李长虞、朱倩雯 / 指导：王军、朱芋锭）

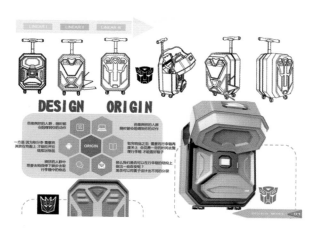

图 1-18 多彩拉杆箱设计，其外形设计的元素来源于美国动画片变形金刚的面部造型，并且拉杆箱在功能和结构的设计上也具有"变形"的功能。为了方便平时小物件的存取特别设计了多个储物格，打开、关闭的过程也体现了变形的特点。

图 1-18 多彩拉杆箱设计
（设计者：彭子珅、曹玥 / 指导：刘青春、陈国东）

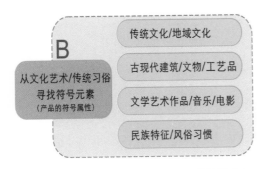

图 1-19　B 从文化艺术 / 传统习俗寻找符号元素

2）B 从文化艺术 / 传统习俗寻找符号元素（产品的符号属性）

如图 1-19 所示，中国传统文化、地域文化，包括风景、建筑、文物、风俗习惯等，为产品设计提供了用之不竭的设计元素。挖掘和整理这些元素用之于产品的设计创新，不仅是对文化的发扬和传承，而且还更容易得到新颖的产品设计方案。2008 年北京奥运会祥云火炬即是最著名的案例之一。北京洛可可创新设计集团为南京牛首山景区设计开发的礼品"春语"[①]，以"金陵四十八景"之一的"牛首烟岚"作为设计思想和内涵，提取了春牛首、南京人的风俗习惯、中国佛教文化的传承等主要元素进行创意，并将空山、善水、莲禅、茶韵、凤鸟的图案元素融入产品中，作品整体功能与意境完美融为一体。

图 1-20 字纹筷子，活字印刷与筷子两种中国传统元素相结合，将各种有美好寓意的文字以阳文的形式刻在筷子尾端，每次抽取两支筷子，好像在寺庙中求签，以得到祝福。

图 1-20　字纹筷子
（设计者：赵盼、王朦、傅俊哲 / 指导：陈国东、王军）

①　洛可可创新设计 MOOC. 牛首山 – 春语 [BD/OL]
　　http://i.youku.com/. 2016.

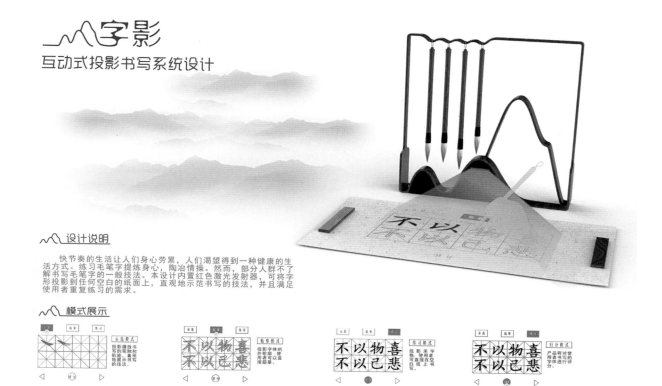

图 1-21 字影 – 互动式投影书写系统设计
（设计者：卢祥祥、吕旭成、张建敏 / 指导：王军、朱芋锭、唐彩云）

图 1-21 字影 – 互动式投影书写系统设计，将中国传统书法与现代电子技术相结合，以江南山水为造型创意元素，将意境与现实巧妙地结合起来。字影 – 互动式投影书写系统是一款概念设计作品，内置上千张书法字帖，用内置的红色激光发射器在空白的纸面上投影出来供学习者描绘，并通过红外线技术跟踪毛笔的轨迹，为学习者进行指导。

【思考讨论题】寻找如下产品的"创意原点"，赋予新的定义至少5个，并用文字表述。
电脑夹线器、挂钩、自行车、电吹风……
时间：30分钟
要求：5人为一个小组，展开头脑风暴。

1.4 如何学好产品快题设计

设计的功夫在设计之外——多看、多想、多做。

快题设计要求在一段封闭的较短时间内完成，不同的几种类型的题目要么强调创意、要么强调实用，且对基本功的要求很高，这就对设计者所储备的专业知识、创新思维能力、对产品设计的色彩、材质、工艺的了解，直至设计者的手绘表达能力都提出了很高的要求。所谓"养兵千日，用兵一时"这就要求设计者在平时要加强学习和训练，不断地提高自己的专业素养，才能在考场上做到胸有成竹。

1.4.1 养成关注"日常"的习惯——培养发现问题解决问题的思维习惯

若我们能以满怀新鲜的眼神去关注日常，"设计"的意义定会超越技术的层面，为生活观和人生观注入力量。[1]

设计师要时刻保持对事物的敏感度，提高捕捉事物本质的感觉能力和洞察能力。要多注意观察身边随时发生的事物，用好奇的眼神去打量和发掘生活中发生的一切，并保持随时思考的习惯，以此来增加自己的见闻，不断地积累生活经验与生活常识，养成发现问题随时记录，并随时想办法解决的习惯。例如生活中的一些现象，骑摩托车、自行车时穿的雨衣的帽子很难随着头部转动，会遮挡视线引发危险；家里的雨伞随处放置，用时到处寻找的问题等，发现这些问题并用设计师的思维去解决，何尝不是一种产品的创新设计。

1.4.2 不断扩大自己的内存——建立自己的"设计银行"

建立自己的设计银行，储备属于自己的资料库，随时可以观察和学习。将自己的资料库进行整理归纳，可以在电脑中建立多级文件夹管理，如一级目录：设计银行；二级目录：优秀工业设计案例库、优秀产品色彩及表面处理库、最新前沿技术产品库、材质结构工艺库、大赛获奖作品库、优秀手绘作品库等，每个二级文件夹下还可以根据每个人的喜好进行三级文件夹的设置。平时在学习或工作中遇到优秀的作品就可以分门别类地进行收集和归纳。除了自己电脑以外，还可使用网盘等工具进行辅助。

1.4.3 大量的手绘训练——练就"笔随心意"的功力

要做到"笔随心意"的境地，就得进行大量的训练。对所有人而言，学到的方法是大同小异的，但有人随手一画，线条流畅自然，有人却抖抖索索，线条拘谨生涩，这就体现出了每个人平日练习所用的"功"不同。武术有云："练拳不练功，到老一场空"，如果平时只注重练习拳的招式，而不注重日复一日的体力和内劲的锻炼，所学的拳术就是不中用的花架子。招式和方法是可以教授和学习的，但是"功"需要练习者自己经过日复一日的练习才能得到。同样，手绘的方法是可以教授和学习的，

---

① （日）原研哉. 设计中的设计 [M]. 朱锷译. 济南：山东人民出版社，2006.

包括透视原理、下笔的方法、上色的方法，这些具体的方法每个人都能掌握，但是最终手绘的效果却有差别，这就是平时练习时下的"功"不同。

1.4.4 用专业的知识评价产品——练就"老辣"的专业眼光

在一件优秀的产品面前，普通人除了说一声"好"、"漂亮"、"好用"之外，很难说出具体的理由。然而作为设计师来讲，必须用专业的知识和眼光去评价。除了对产品的整体表现力作出评价外，还应学会将产品解构，单独分析各个部分的特征，如产品的形态特征，线条意向，按键、孔洞、缝隙以及边缘等细节上的处理，色彩的搭配与比例，结构的连接方式，材质的选择，尺寸大小，人机工程，乃至价格等因素做出分析与评价。这样才能从整体和细节两方面总结一件产品设计中的优点并消化学习，从而不断进步。

【设计实践】

实践训练 1：产品记忆练习（2 课时，90 分钟）

你平时用心观察日常生活并用心留意过你身边的产品吗？请用两节课的时间，默画出你身边的某一种产品 10 个以上，并特别注重它的形态与细节。譬如笔、鼠标、手机等产品，试试看你能默画几个出来，效果如何？方案画在 A3 纸上，每张纸单面限画两件产品。

实践训练 2：思维发散练习（2 课时，90 分钟）

在两节课的时间内，请发挥你的想象力，设计至少 30 款椅子。要求用原点·定义法来寻找思路。重在思维的发散，画在 A3 纸上。平均每页 4 个方案，表现要清晰，可做简单文字说明，可上淡彩。

实践训练 3：创意方法实践（8 课时）

题目：设计开发一款全新的钟表，类型不限。

训练要求：以头脑风暴小组的方式进行。5 人一个小组，由小组长主持讨论并由速记员对组员的想法进行记录。头脑风暴任何想法都可以接受。

训练步骤：

第一阶段（4 课时，180 分钟）：

（1）小组讨论：寻找"创意原点"，重新定义，并用文字叙述（30 分钟）。

（2）进行设计定位，寻找创新元素，并记录下来（60 分钟）。

（3）每个小组筛选出至少 30 个想法或草图，并以图文的方式记录。

（4）绘制概念草图，以草图风暴的方式绘制在 A3 的图纸上（每人至少 10 个，60～90 分钟）。

第二阶段（3+1 课时，135 分钟 +45 分钟）：

（1）最终每个小组讨论后选择 5 个最好的方案，组员每人一款进行手绘效果图呈现，绘制在 A3 图纸上（90 分钟）。

（2）1 个课时用来讲评作业。采用不同小组之间互评和教师评价相结合的方式。

02

第 2 章　设计表达与快题应用

第2章　设计表达与快题应用

2.1　手绘表现技法

2.1.1　基础线条

1．课题要求

课程名称：基础线条

课题内容：直线、曲线、椭圆等基础线条的绘制练习。

教学时间：2课时

教学目的：掌握直线、曲线、椭圆等线条的练习方法与表达技巧。

作业要求：按照训练要求，进行各种曲线的练习，绘制在A3纸上。

课堂作业：直线绘制练习；曲线绘制练习；圆形绘制练习；椭圆绘制练习。

2．设计案例

在视觉表达艺术中，线是最基础、用途最广的绘画语言之一。同样，线在产品手绘表达中也有着十分重要的作用，不同的线构成了产品的不同形态，因此对于线的控制是设计手绘的基础。在产品手绘中，线条最基础的表达方式有三类，即直线、曲线、椭圆，这三类线条的表达构成了丰富多彩、形态各异的产品造型，如图2-1～图2-3所示。

图2-1　直线在产品手绘中的运用——几何体的组合（绘制者：周巧宁）

图 2-2　曲线在产品手绘中的运用——溜冰鞋设计稿（绘制者：张博文）

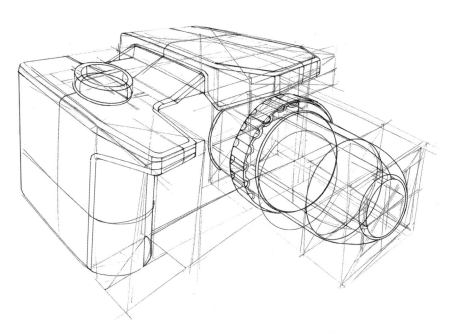

图 2-3　椭圆在产品手绘中的应用（绘制者：张博文）

3. 知识点

（1）直线的绘制

直线是最基本最简单的线条，使用简单的直线可以绘制出各类复杂的造型，如图 2-1 所示。然而在设计手绘过程中，画一条顺直流畅的直线却并不那么容易，直线的质量直接影响产品手绘效果。

1）直线的练习方法 1——线条力度把控的练习

图 2-4 是对线条力度把控的练习，一条线，中间重两头轻，这需要对手部的力度有很好地把控，多次重复练习，手臂的肌肉便会记住这种感觉，就能很好地控制线的力度。

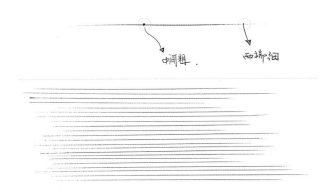

图 2-4　线条力度把控的练习（绘制者：徐乐）

2）直线的练习方法 2——直线位置控制的练习

图 2-5 是对直线位置控制的训练，首先画一条直线必须要"直"，长直线排线练习（A3复印纸训练），位置、速度、定点、手臂松紧程度等都会影响直线的质量。

练习方法，先在纸上把首尾的点画好，注意相邻两个点的距离尽可能一样，这样画出来的直线才是等距的，然后开始横向把点连起来，便形成了一条直线，横向的直线画好了，再画竖向直线，注意纸张不可旋转角度，这样才能锻炼手在不同方位对线的控制，最后用同样的方法再绘制对角直线，重复多练习，手感便会慢慢有了。

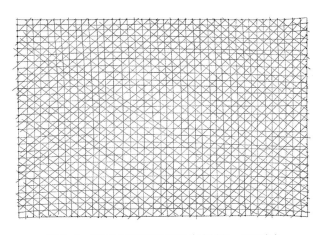

图 2-5　直线位置控制的练习（绘制者：周巧宁）

（2）曲线的绘制

线主要是由直线和曲线组成，自然界中没有绝对意义上的直线，在植物和动物身上你会看到丰富多彩的曲线。在壁画和书法的绘制中，曲线的弧度、力度、长短能够很好地表现张力。在我们生活中的工业产品形态，常以灵动优美曲线呈现的比较多，所以在设计手绘表达中，曲线的绘制显得尤为重要。

1）曲线的练习方法 1——定点连线法

曲线和直线的画法也有两种呈现方式，一是定三到四个非在一条直线上的点，然后用笔一次性连起来。如图 2-6 所示，通过这种定点方式绘制曲线，可以较好地控制曲线的位置。要控制好曲线的弧度、力度、位置和松紧度，这样绘制出来的曲线才会有张力。

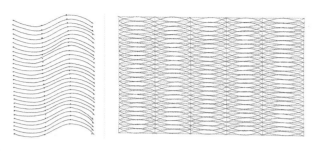

图 2-6　曲线的练习方法 1——定点连线法（绘制者：周巧宁）

2）曲线的练习方法 2——直接绘制法

如图 2-7 所示，就是在纸上徒手绘制曲线，线条要呈现出中间粗两头尖的效果，用这种方式绘制出来的产品形态比较有张力和视觉冲击力，需要勤加苦练才能画出优美的曲线。

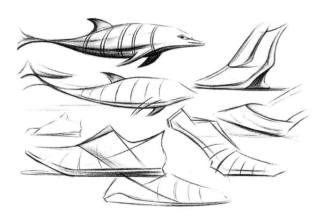

图 2-7　曲线的练习方法 2——直接绘制法（绘制者：周巧宁）

（3）圆和椭圆的绘制

圆的绘制在手绘表达中，难度系数相对比较高，圆有严格的标准，半径需要保持一样的长短，所以在绘制的过程中，很难精准把控。其实圆在产品设计手绘表达中的运用并没有想象中那么多，一般只有特殊角度或三视图中才用到，如图 2-8 所示。不可否认，一个好看且精准的圆，能够让手绘设计稿看起来更加的精美。

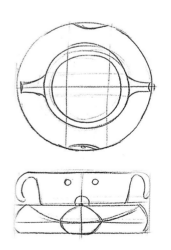

图 2-8　圆在三视图中的应用（绘制者：周巧宁/指导：徐乐）

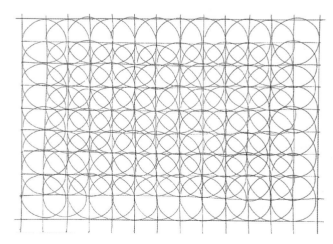

图 2-9　圆的练习方法（绘制者：周巧宁）

1）圆的练习方法——网格画圆法

如图 2-9 所示，如果想把圆画好，我们需要先在纸上画出横线和竖线，和之前直线的训练方法有点像，这里线与线的间距可以稍微大点，这样画出来的圆要大，小了便起不到训练的效果了，然后在这些网格里徒手绘制圆，绘制时，需要注意笔与纸面呈垂直角度，手肘要离开桌面，悬空状态，先在空中比划绘出两个圆，再落笔在纸上绘制，这种作势的方式，能够让你更好地找到绘制圆的感觉。所绘圆要和直线相切，以便很好掌握所绘圆的位置。最后画完后，手绘稿也是一幅精美的图案。

2）椭圆的练习方法

椭圆的绘制在手绘表达中有着举足轻重的地位，它里面也包含了曲线的练习。如图 2-10 所示，椭圆本身其实是圆的一个透视变形，如杯子、汽车轮毂、音响的喇叭、电风扇等，在两点透视的手绘表达下，都是以椭圆的形式呈现的。

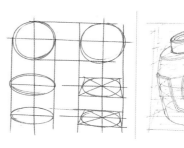

图 2-10　椭圆在产品手绘中的应用
（绘制者：张博文、周巧宁）

①椭圆练习方法 1——锥形相切连续椭圆的练习

椭圆的练习方法有两种，第一种如图 2-11 所示，在一张纸上（一般用A3），用斜直线把空白处分成四个区域，呈一端大一端小的椎形，然后从横向排直线，直线的间距由小变大绘制，在形成的网格里绘制相切的椭圆，椭圆的短轴也会随着直线的间距逐渐变大，形成透视关系，依次这样训练下去，直到熟练。在绘制椭圆的时候，要注意千万别把椭圆绘制成长形面包或橄榄球形状。

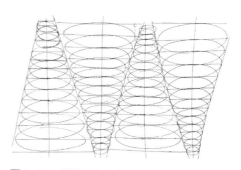

图 2-11　椭圆的练习方法 1——锥形相切连续椭圆（绘制者：周巧宁）

②椭圆练习方法 2——多角度连续椭圆的练习

第二种如图 2-12 所示，在直线的空间里绘制带有不同角度透视关系的椭圆，多次重复练习，便能了解椭圆在不同透视情况下的一个呈现方式，让绘制的形体更加优美。

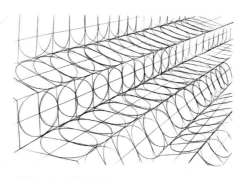

图 2-12　椭圆的练习方法 2——多角度连续椭圆练习（绘制者：周巧宁）

4. 实践程序

实践训练 1：徒手绘制直线（0.5 课时）

训练要求：

（1）参考前面部分介绍的两种直线的练习方法绘制直线。

（2）在 A3 纸上进行练习，两种方法各绘制 10 张。

实践训练 2：徒手绘制曲线（0.5 课时）

训练要求：

（1）参考前面部分介绍的两种曲线的练习方法绘制曲线。

（2）在 A3 纸上进行练习，根据曲线的练习方法 1 和方法 2 各绘制 10 张。

实践训练 3：徒手绘制圆形（0.5 课时）

训练要求：

（1）参考前面部分介绍的圆的练习方法绘制圆形。

（2）在 A3 纸上进行练习，根据圆的练习方法绘制 10 张。

实践训练 4：徒手绘制椭圆（0.5 课时）

训练要求：

（1）参考前面部分介绍的两种椭圆的练习方法绘制椭圆。

（2）在 A3 纸上进行练习，根据椭圆的练习方法 1 和方法 2 各绘制 10 张。

2.1.2 造型构想

1. 课题要求

课程名称：造型构想

课题内容：理解基本形体的透视原理，熟练绘制基本图形的透视形态以及扩展形态，掌握形体阴影的绘制，最后掌握基本形体造型的细化。

教学时间：3课时

教学目的：（1）掌握物体的透视规律和画法。

（2）掌握投影的画法以及在产品手绘中的应用。

（3）立体造型的单向倒圆角、复合倒圆角的画法。

（4）理解造型的简化和构成。

作业要求：（1）个人独立完成。

（2）绘制在A3的纸上，重点在线稿图的绘制。

课堂作业：（1）立方体产品的线稿图，注意透视、阴影、圆角的关系。

（2）圆柱体产品的线稿图，注意透视、阴影、圆角的关系。

2. 设计案例

案例一：长方体类产品的两点透视示例（图2-13）

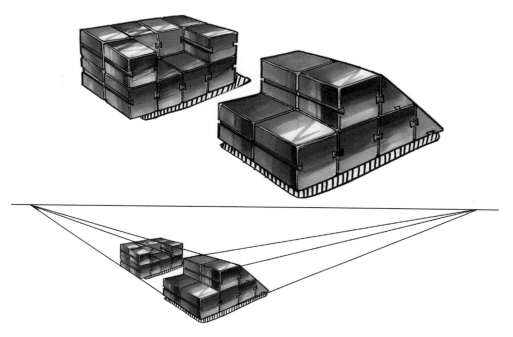

图2-13 长方体产品透视案例——榫卯拼接凳（设计者：顾艳云 / 指导：王军）

案例二：圆柱体类产品的两点透视示例（图 2-14）

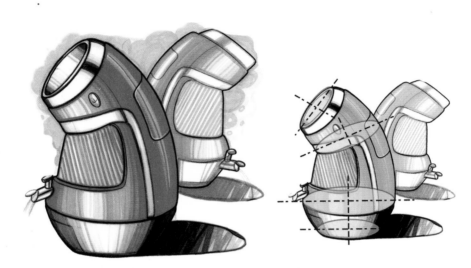

图 2-14　圆柱体产品透视案例——有机食物回收系统（设计者：汪婷 / 指导：王军）

3. 知识点

（1）透视

透视在产品手绘中具有举足轻重的作用，是关系到一件手绘作品最终成败的关键因素。缺乏正确的透视，产品手绘就如同房屋失去了坚固的地基，终将歪歪扭扭。产品的细节绘制、上色过程都是在先有了正确的透视线稿的基础上进行的，因此，透视关系着产品的形态是否准确、各部件比例是否正确、整体感觉是否正常，关系着一副手绘作品的最终表现效果，如图 2-13、图 2-14 所示。关于产品透视的许多知识都已有专门教材的讲解，本小节内容就产品手绘透视的一些常用知识做一些阐述。通俗地来讲，透视就是近大远小、近粗远细、近密远疏、近实远虚，只有掌握了透视的规律，才能把产品的空间形态准确地表达出来，所以透视是设计表达的基础，需要我们去熟练掌握和理解。

在设计表现中常用的有 3 种透视图形式，即一点透视、两点透视、三点透视。一点透视与两点透视在产品手绘表现中运用较多，三点透视在建筑物或大型产品的表现中运用较多。下面我们以长方体为基本形体展示物体的三种透视。

1）一点透视

一点透视，即物体在水平线上有一个灭点，指的是观者从立方体正前方观察，此时立方体最前方的面或正面平行于画纸，也就是说立方体正面的四条边与画纸的四条边平行，因此也叫"平行透视"，如图 2-15 所示。此时立方体深度方向的轮廓线与画面是垂直的，并向远处消失并相交于视平线的一点。

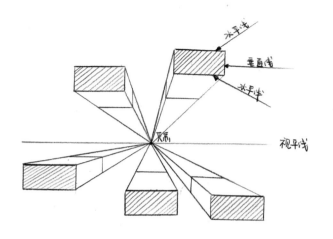
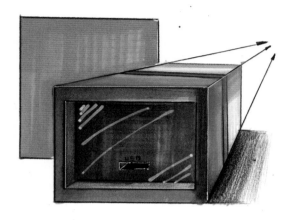

图 2-15　一点透视和产品应用实例（绘图者：周欣怡）

　　一点透视最多只呈现出两个面，因此在产品手绘中多用于表现产品正面细节丰富、视觉冲击力强的产品，缺点是展现的面的细节形态较少，稍显呆板。

　　2）两点透视

　　两点透视，即物体在视平线上有两个灭点。指的是观者从一个斜摆的角度观察立方体，此时立方体与画面形成了一个角度，所以也叫"成角透视"，如图 2-16 所示。此时立方体上相邻的面的轮廓线分别向左右两侧延伸相较于视平线上的一点。

　　两点透视最多能呈现出物品的三个面，可以将物品的整体形态较为全面地展现出来，也能够更多地展示产品的细节，构图灵活、生动、立体感强，能比较真实地反映空间，是产品设计表现中最常用的透视类型。缺点是如果角度选择不好很容易产生比较夸张的变形。

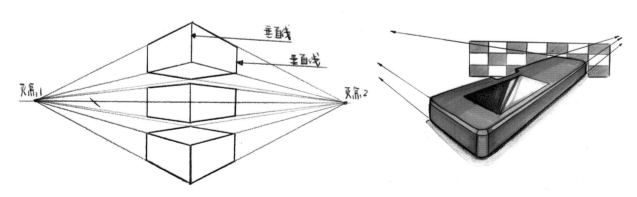

图 2-16　两点透视和产品应用实例（绘图者：周欣怡）

3）三点透视

三点透视，指的是观者以仰视或俯视的角度观察立方体，此时物品的透视画面类似于照相机广角镜头拍摄出的画面，具有较大的形变。此时立方体上三组代表长、宽、高的轮廓线与画面都成一定角度，这三组线各相交于一个灭点。因为有三个灭点，所以称为"三点透视"，如图2-17所示。

三点透视常用于表达高大的物体，比如建筑物或者大型工业产品。

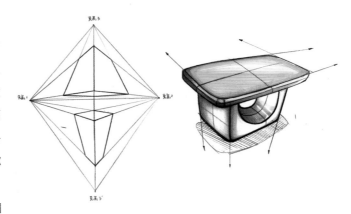

图2-17 三点透视与产品应用实例（绘图者：周欣怡）

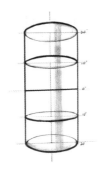

图2-18 不同的观察角度圆的透视变化
（绘图者：周欣怡）

4）圆的透视

圆的基本透视形状为椭圆，并且其形状随着观察角度的变化而变化。如图2-18所示，以圆柱体为例，不同位置的截面圆形随着观察角度的变化其透视椭圆的形状也相应发生变化。

当视角为零时，就只能看到圆的投影线——一条直线，视角越大，椭圆越来越饱满并趋向于圆形。

【八点法绘制正方形内切圆】

直接绘制透视圆容易导致比例不准确，因此在画透视圆时，常常使用圆的外切正方形透视图来做辅助，这样会让我们更加准确地把握圆的透视。绘制时用八点法来绘制，先找到正方形四条边的中点，然后再找对角线上的四个点，一共八个点，如图2-19所示。

第一步，寻找四条边的中点：

连接正方形的两条对角线，过对角线的中点分别绘制平行和竖直的两条直线。这样就能找到正方形四条边的中点。

第二步，寻找对角线上的点：

从对角线交点开始，将1/2对角线四等分，在略小于3/4的位置寻找一点，即我们要找的点。然后以此找到其他四个点。

第三步，连接八个点做圆：

过这八个点做圆弧线连接，即可得到我们所需要的透视圆。

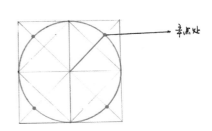

图2-19 八点法绘制正方形内切圆
（绘图者：周欣怡）

将透视圆的绘制方法与立方体的两点透视相结合，就能很快得到圆柱体的透视造型，如图 2-20 所示。

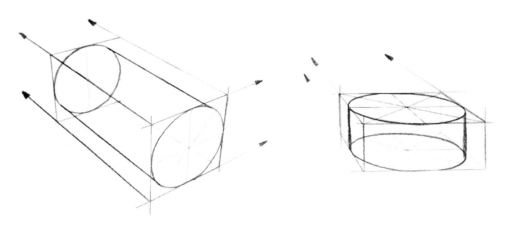

图 2-20　八点法绘制透视圆柱体（绘图者：周欣怡）

5）连续多个矩形的透视

实际生活中的产品并不都是正方体这样规整的形态，它们的形体比例是变化延伸的。因此在产品绘制中，我们需要以一个长方体为基本形体，对它在长、高、宽三个方向进行比例延伸。那么，在已知一个立方体透视的情况下，关键是要准确找到其他连续长方体的边长。先来理解一个矩形与它延伸矩形的关系，图 2-21 为我们展示了平面图上连续矩形之间的关系，可以帮助我们更快地理解连续矩形透视的绘制方法。

第一步：连接两个对角线找到对角线交点 M。

第二步：过交点 M 绘制平行与上下边的直线（在透视图中消失于灭点），找到此直线与右边线的交点 B，交点 B 也是右边线的中点。

第三步：连接正方形左上角点 A 与中点 B，这条线的延长线与下边线延长线相交于点 C，点 C 即为第二个延伸正方形的边长界点。其余矩形的画法以此类推。

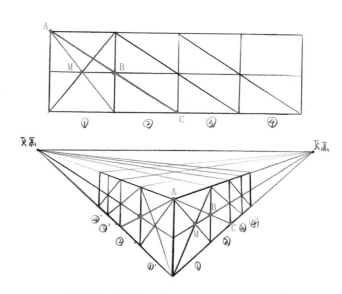

图 2-21　连续矩形的绘制（绘图者：周欣怡）

（2）投影与明暗关系

1）物体上的阴影

当光照射物体时，物体产生了受光面和被光面，也称为亮面和暗面，亮面和暗面之间交界地方就是阴暗分界线，介于亮面和暗面之间的面称为灰面。亮面直接受到光线的照射，因此亮度最高；灰面其次，但随着光线的延伸，亮度呈现由深到浅的过渡；暗面处于背光状态，因此光线最暗，但是由于受到地面光线的反射，所以从上到下呈现出由深到浅的过渡，具体光影关系如图2-22所示。理解物体上的光影变化规律，对物体造型的立体感的塑造具有重要的意义。

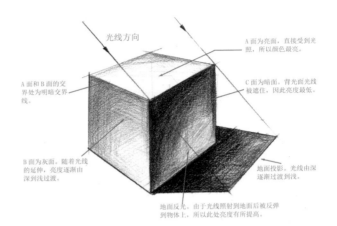

图2-22 物体上的光影变化

2）投影

产品手绘中，正确的投影会突出物体的真实感和立体感，同时，投影还能对产品效果图起到衬托的作用，从而增强产品效果图的表现力。绘制投影要注意以下三点。

①光线的方向：在产品的手绘图中默认为一束平行光线。

②投影的方向：投影的方向根据自己产品表现的要求自行设置。大多数情况下以水平线为基准。

③投影的形状：将光线的延长线与投影的延长线的各个交点连线，所形成的区域即为投影的形状。在透视图中，各条边投影的方向也向着灭点的方向聚拢。

在产品手绘中，物体产生的投影通常有两种，一种是与地面接触的物体投影，另一种是悬空的物体投影。

①与地面接触的物体投影，如图2-23所示。

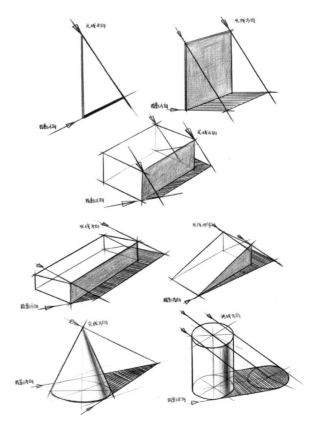

图2-23 地面物体投影（绘图者：王雯黎）

②悬空的物体投影，如图 2-24 所示。　③椅子的投影，如图 2-25 所示。

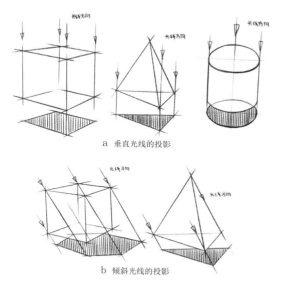

图 2-24　悬空物体投影（绘图者：王雯藜）　　图 2-25　椅子的投影（绘图者：王雯藜）

（3）造型的构成和简化

　　任何产品的造型都可以简化为基本几何形体的组合构成，而几何形体的透视规律和透视线条相对容易寻找，如图 2-26 所示。因此，为了在产品的手绘过程中得到正确的产品透视，我们首先可以将要绘制的产品进行几何化处理，然后绘制出该组合几何体的透视线稿图，最后在该透视线稿图的基础上进行产品造型细化，比如倒圆角、分模线、按钮等形态。当然，这种方法比较适合于初学者练习，前期通过大量的练习培养初学者对产品透视的理解和对造型的准确把握，在后期对透视和形体有熟练地掌握后则可酌情省略这一步。

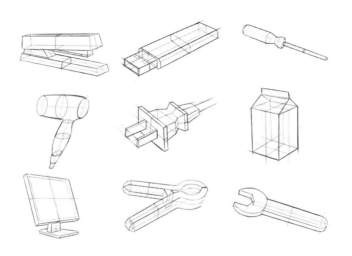

图 2-26　产品造型的几何化处理（绘图者：林艺茹）

（4）立方体倒圆角

圆角是产品造型常见特征之一，因此也是手绘产品中经常碰到的问题。与电脑软件倒圆角的快捷性不同，徒手绘制透视和比例准确、造型流畅的手绘产品圆角常常让人感到苦恼。一般来说，产品的圆角可以划分为单向圆角和复合圆角。

1）单向圆角

单向圆角可以看作是在长方体的一条棱边上切出来的一个 1/4 圆弧面，如图 2-27 所示，绘制步骤如下：

第一步：以一条棱边为起点，以圆角半径为边长，绘制出一个小正方形。

第二步：连接对角线，在这条对角线上略小于 3/4 点的位置寻找一点（类似于八点法绘制正方形内切圆的方法）。

第三步：过小正方形的两个顶点和刚才找到的点画圆弧，即可得到单面的 1/4 圆弧。

第四步：在长方体另一侧的面上重复第一、二、三步，得到另一个 1/4 圆弧。

第五步：将这两个圆弧用直线连接起来，即可得到长方体的单向圆角。

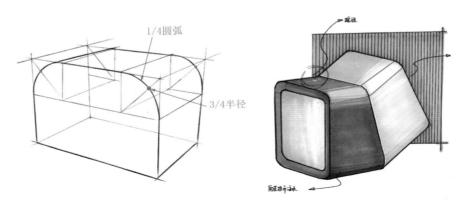

图 2-27　单向圆角的画法与应用（绘图者：琚思远）

2）复合圆角

复合圆角可以看作是长方体的三条棱边分别切出一个 1/4 圆弧面的复合体。如图 2-28 所示，具体步骤如下：

第一步：以一条棱边为起点，以圆角半径为边长，绘制出一个小正方形。

第二步：连接对角线，在这条对角线上略小于 3/4 点的位置寻找一点（类似于八点法绘制正方形内切圆的方法）。

第三步：过小正方形的两个顶点和刚才找到的点画圆弧，即可得到单面的 1/4 圆弧。

第四步：重复以上三个步骤，分别绘制出另外两条棱边的 1/4 圆弧。

第五步：选择这三条棱边的另外一侧，重复第一、二、三步，绘制出其余三个 1/4 圆弧。

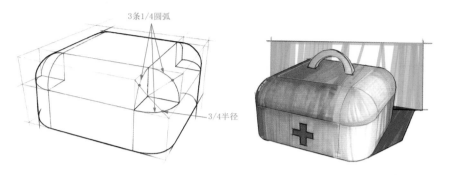

图 2-28　复合圆角的画法与应用（绘图者：琚思远）

4. 设计实践

实践训练 1：请按照透视的原理绘制出如图 2-29 所示的圆柱体组合形态（0.5 课时）

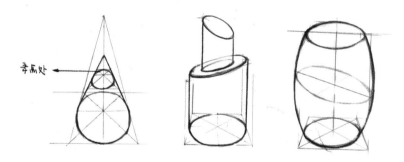

图 2-29　圆柱体类造型组合（绘图者：周欣怡）

训练要求：

（1）依照前面部分讲述的透视方法进行绘制。

（2）使用铅笔，绘制在 A3 图纸上。

实践训练 2：绘制单向圆角与复合圆角（1 课时）

训练要求：

（1）依照前面部分讲述的立方体倒圆角方法，绘制单向圆角与复合圆角。

（2）使用铅笔，绘制在 A3 图纸上。

实践训练 3：产品立体线稿图（1.5 课时）

训练要求：

（1）请选择一个生活中的产品，如电吹风、加湿器、打印机、照相机等，可将其形态进行几何化处理后绘制出正确的透视线稿，然后在此基础上绘制出正确的产品线稿图。

（2）在 A3 纸上作图。

2.1.3　色彩表现

1.　课题要求

课程名称：色彩表现

课题内容：快题设计色彩表现的主要工具与表达方法。

教学时间：3课时

教学目的：（1）不同绘画工具在产品手绘中的应用表达。

　　　　　（2）色彩在产品手绘中的应用。

　　　　　（3）常见材质的表达效果。

作业要求：（1）个人独立完成。

　　　　　（2）绘制在A3纸上，重点在线稿图的绘制。

课堂作业：（1）色彩材质练习。

　　　　　（2）产品上色练习。

2.　设计案例

　　人的生活离不开色彩，产品设计也同样离不开色彩。色彩是工业产品最重要的外部特征之一，是产品最鲜明的"衣服"。色彩在产品中的搭配可以直接影响到产品的定位与销量，好的色彩应用可以大大提高产品影响力以及市场竞争力。如何将色彩应用到产品设计表达中是我们快题设计课程中重要的学习内容。

（1）案例一

　　步骤一：

　　线稿图是色彩的基础，就如造房子一样先要做框架，如图2-30所示，在进行水壶产品色彩绘制前，首先要利用针管笔或铅笔打好水壶的底稿。绘画时利用粗细不同的线条尽可能地画完整产品的结构和细节，注意透视的正确性。

图2-30　手绘步骤图一（绘制者：卢恒）

步骤二：

水壶材质采用金属与塑料结合，金属表面光滑，反射强烈。如图 2-31 所示，绘画时要注意掌握好产品的形状变化规律，画笔跟着形状走。假定光线方向，可以是左右顶任意光源。先用马克笔根据产品的固有色画出明暗交界线，这是色彩绘制最重要的一步骤。

图 2-31　手绘步骤图二（绘制者：卢恒）

步骤三：

画完明暗交界线之后铺好产品的大调子，由浅入深，高光部分可以采用留白的形式。如图 2-32 所示，产品的体积感是利用色彩明暗变化来表现的，有了基础的大色调，继续深入绘制产品，因为马克笔的通透性，可以进行色彩的叠加来加深层次感，注意产品细节的刻画，根据产品造型绘制阴影。

图 2-32　手绘步骤图三（绘制者：卢恒）

步骤四：

在产品绘制完之后，为了使水壶产品画面更真实突出，也可以加上色彩明快的背景色，加大产品的层次感，如图 2-33 所示。

图 2-33　手绘步骤图四（绘制者：卢恒）

（2）案例二

步骤一：

首先打好木制家具线稿图，从一个比较好展现产品的角度来绘制，形体刻画不要太单薄，准确的比例透视关系是色彩绘画的基础，如图2-34所示。线稿图的线条要流畅、生动，要避免绘制时产生重复笔触、断笔和碎笔。

图2-34 手绘步骤图一（绘制者：魏文娟）

步骤二：

木材材质产品绘制时要注意产品的表面处理，木材材质表面温润，反射较小，色彩表现均匀。如图2-35所示，首先用黄色系马克笔画好明暗交界以及椅子的大色调，木制椅子绘制时要色彩均匀，线条流畅，明暗过渡柔和，然后用较深的颜色来绘制木头纹理。

图2-35 手绘步骤图二（绘制者：魏文娟）

步骤三：

在基本色调绘制完成后，用深色系马
克笔通过色彩叠加来加强产品的立体感
和质感，继续深入刻画产品的细节如图
2-36 所示。

图 2-36　手绘步骤图三（绘制者：魏文娟）

步骤四：

产品主体绘制完成后，为了加强空间
感和真实性，根据产品的整体形来绘制阴
影，注意透视。如图 2-37 所示，背景颜
色一般选用明度较高的颜色，绘制时线条
尽量轻松，可以适当留白。

图 2-37　手绘步骤图四（绘制者：魏文娟）

3. 知识点

（1）常用设计表达绘画工具

了解并熟练运用设计表达绘画工具对于设计学生来讲尤为重要。产品手绘工具种类繁多，表现形式各不相同，产品手绘表现技法中以马克笔、彩铅、色粉和水彩等方式为主，现代设计师为了更加快速、便捷、概括地表达，更倾向于使用马克笔绘图。马克笔不仅可以快速有效地把创意视觉化，还可以帮助设计人员推敲产品细节，以及产品功能、结构和应用场景等。除了传统的绘画工具以外，现代设计师也喜爱运用电子手绘板进行上色，效果呈现快，更方便设计、修改。

1）马克笔

马克笔是每位设计学生都会配备的基础手绘工具，它的使用周期长，可以快速捕捉与表现设计灵感，在效果图表现中起着不可代替的作用。要想运用马克笔画好一张产品效果图，首先要了解马克笔的特性。如图2-38、图2-39所示为使用马克笔表现的产品。

图2-38 马克笔表现——储物柜设计
（设计者：蒋琬／指导：王军）

图2-39 马克笔表现——公共座椅设计
（设计者：张启洪／指导：郑旗理）

①马克笔的种类

作为手绘学习者，学习手绘课程前做的第一件事是购买马克笔。马克笔的品种较为丰富，主要分为水性、油性和酒精性，有单头、双头和特宽头，有一次性和可注水性。最为常用的是酒精性双头马克笔，笔头分为宽头和细头两头，如图2-40所示，特别是宽头使用时需要运用技巧和长时间的练习，不同角度和倾斜度都会有不同的笔触变化，灵活运用笔头可以使画面更为灵动。对于学生练习为主，主要推荐一些国产品牌，如Fandi、Sta等。

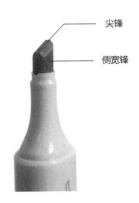

尖锋

侧宽锋

图2-40 马克笔笔头／不同宽窄面绘画的效果不同

A：水性马克笔

几乎所有的水性马克笔都是一次性的。水性马克笔溶于水，颜色变化多样，可叠色，饱和度相对比较低，不够鲜艳，需要掌握度比较高。目前国内市场上常见的中等价位的马克笔品牌有遵爵和 Sta 单头麦克笔。国外的品牌如日本的 Marvy，价格相对便宜。

B：油性马克笔

油性马克笔主要分一次性和可注水性两种，也有单头和双头之分。油性马克笔的笔性较柔和，透明度高，干得也快，在马克笔纸上反复描绘仍可保持纸张的平整，笔触之间的衔接也较为自然。不过目前市面上油性马克笔比较少见，以酒精性马克笔为主。

C：酒精性马克笔

酒精性马克笔是指其墨水是酒精性的，具有透明、速干、颜色可以自由混合等特点。类型上可以分为一次性和再注水性两种，常见的有 Touchmark、Fandi 等品牌。酒精性马克笔其色彩透明，对人体无害，可根据不同笔头需求进行更换，如适合专业人士选用的 Copic 牌马克笔，色彩丰富共有 214 种颜色，价格相对较昂贵。

②制作自己的色卡

从颜色上区分，马克笔分为黑灰和彩色系列。每支笔都有独立的色彩编号，在使用时可根据编号选择。所以制作一份自己的色卡是我们拿到马克笔后的第一步工作，这样可以使得我们在绘制时准确快速地找到自己需要的颜色，如图 2-41 所示。

如何制作色卡：

首先选用一张吸水性较差、纸质较厚、表面光滑的纸，比如马克笔专用纸、白卡纸或肯特纸。将同色系的笔根据色号排列好，可以从红色系开始，到橙色、黄色、绿色、蓝色、紫色再到灰色系的顺序，用同一颜色的两个头分别画同样宽度的线段，在下面备注上相应的色号，依次横向排列绘制，这样的排列方式更方便寻找颜色。

马克笔色卡

图 2-41　色卡图——制作属于自己的色卡便于绘画

③运用灵活的技巧

马克笔作为设计中最快速的表现工具，在运用时要注意用笔方法，通过调整画笔的角度和倾斜度，来控制线条变化。不同材质运用笔触也不同，运笔时要果断，注意控制力度，切勿拖泥带水，记住"轻、快、准"这三个字要诀。不过所有的技巧都需要通过大量练习来巩固和提升，唯有多练习才能真正掌握马克笔技巧，真正做到轻松"驾驭"马克笔。

马克笔使用技巧：

A：马克笔笔头都有大小两头，大笔头用于平涂，小笔头用于处理细节。如图2-42所示，平涂时需要注意笔触行笔的顺畅，避免错误的笔触破坏画面的效果。所有走笔和上色都要根据产品的形体来，特别是曲面，笔触要跟随曲面线条走。

B：在色彩上，因马克笔不具有较强的覆盖性，所以上色时候应由浅至深，先用灰色将明暗调子画出，然后利用马克笔色彩的通透性逐步覆盖较深的颜色，合理运用留白来加强画面的层次感。如要增加产品细节效果，可结合彩铅、色粉等绘画工具丰富细节。

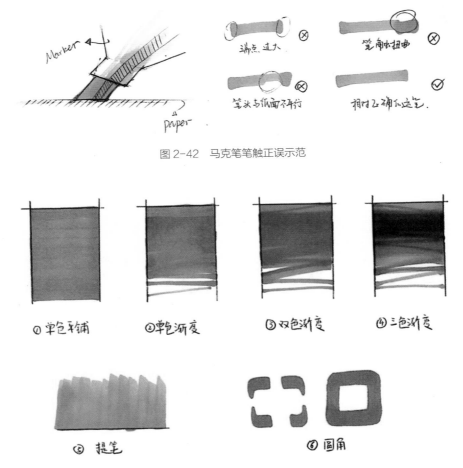

图2-42　马克笔笔触正误示范

图2-43　马克笔排笔笔触示例

C：马克笔在排笔上大都有单色平铺、单色重叠平铺以及多色重叠笔法等几种方法。如图2-43所示，单色平铺是指使用单一一种颜色，沿着同一个方向进行均匀排笔，排笔应有疏有密，可通过留白来作为渐变变化；重叠平铺通常用来表示产品表面的光影渐变，常用的有单色渐变、双色渐变和三色渐变。单色渐变使用同一支色彩的马克笔进行重叠排笔，以加深明度变化；双色渐变使用同色系不同明度的两支马克笔重叠排笔来表现光影变化；三色渐变在双色渐变的基础上再加入灰色马克笔笔触，以此来强调物体的明暗交界线和增强物体的立体感。

D：提笔笔触多用来表现产品的背景，使用时以平铺的方式起笔，到末端轻轻提拉。

E：马克笔的笔头是细长的长方形，一次性很难画出圆角来，因此画圆角时应该分成四个圆角来画。每个圆角在起笔和收笔时要保持笔头的方向不变画圆弧，然后把这四个圆角连接起来。

2）彩铅

彩色铅笔分水溶和非水溶性，水溶性彩铅在沾水后可以产生类似水彩的效果。与马克笔相比，彩铅不适用于大面积铺色，色彩较淡，饱和度较低。在产品效果图中彩铅主要用于起稿、勾勒线条、加色和过渡等，比如产品的轮廓线、分模线、凹槽，包括对产品质感和纹理的刻画等，起到了丰富产品细节的效果。彩铅一般与其他绘画工具配合使用，具有方便、简单、易于掌握等特点。市面上较为常见的彩铅品牌有辉柏嘉、得力，价格稍高的施德楼也是不错的选择。图2-44、图2-45为彩铅表现的产品案例。

图2-44 彩铅表现——心情娃娃（设计者：董蕾蕾/指导：王军）

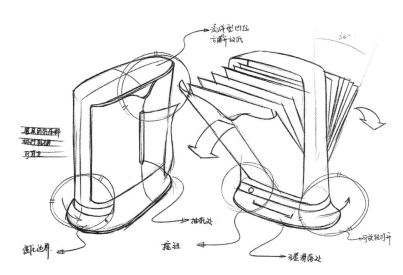

图2-45　彩铅表现——儿童药丸提醒闹钟（设计者：蓝鋈姿/指导：王军）

① 彩色铅笔常用颜色

市面上常见的彩铅有24、36、48色以及72色等，根据绘图者不同的需求购买不同的颜色。而在众多色彩中，黑色与白色是最为常用的，其他颜色多作为过渡色，起到细节刻画与润色作用。

黑色：

黑色彩铅常用399、499色号，颜色较普通铅笔更深，线条变化丰富，适用于轮廓线勾画 。如图2-46所示，使用399黑色彩铅绘制的产品线稿图。

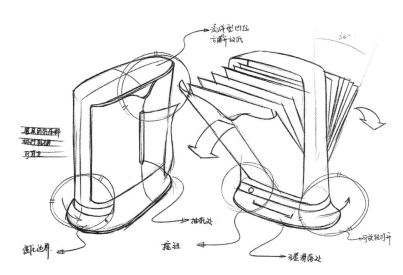

图2-46　纸巾盒设计（设计者：琚思远/指导：王军）

白色：

白色彩铅适用于高光线和反光的绘制，常用于金属、玻璃、浅色塑料等材质的绘画。在效果图绘制中，马克笔只能利用留白来表现光线，彩铅更容易控制高光的强弱与反光的通透。

②彩铅基本技法

A：排线法

与铅笔的用法一样，按照一定的规律排线来表现明暗关系，排线方向跟随结构。

B：叠加法

彩铅的灵魂就是色彩叠加。彩色铅笔具有半透明的效果，色彩可叠加，层次丰富。在绘制过程中应按照由浅入深的顺序，逐层递进，如图 2-47 所示。

图 2-47　彩铅色彩叠加笔触（绘图者：沈安康）

C：溶彩法

水溶性铅笔借鉴了水彩的特点，与水溶解变得晶莹透明，使产品细节变得丰富且细腻。

3）色粉

色粉属于颗粒粉状材料，适于大面积的铺开，上色方便，通常与马克笔结合使用，可以根据不同的需要表现出不同材质的质感。色粉材质较为细腻柔和，层次变化丰富。使用步骤：首先用刀片刮下色粉末，然后用纸巾或棉花蘸取适量色粉进行均匀上色，呈现颜色渐层，如要保持画面持久，画稿完成后喷少量定色剂。对于初学者练习来说，主要推荐一些国产品牌，如雄狮、马利、大师等，进口品牌推荐樱花、泰伦斯等。如图 2-48、图 2-49 所示为色粉表现的产品案例。

图2-48 色粉表现——"仙"加湿器设计
（设计者：申静 / 指导：王军）

图2-49 色粉表现——兔子闹钟设计
（设计者：楼超儿 / 指导：王军）

（2）色彩在产品手绘中的应用

产品设计中的色彩不是孤立的，而是处于一个我们所假想的环境中。不同材质运用相同的色彩，效果是不同的，不同环境中使用的色彩也是不同的。产品手绘图可以借助明暗、色彩、线条等来表达物体的轻重、厚薄、大小等，色彩的设计会让产品更具有生命力，直接影响到人的心理感受。

1）色彩基础

色彩的由来是因为光，有了光才能感知色彩，从而获得对客观事物的认识。

①色彩三要素

色相、明度、纯度是色彩的三个属性，由这三个概念共同组成一个完整的色彩参考体系，如图2-50所示。

色相：色彩的颜色属性，比如红色可以分为粉红、玫瑰红、深红、橘红等。

明度：色彩相对的明暗关系和明暗变化，在颜料中增加白色会提亮原来的颜色，反之添加黑色则会得到更暗的颜色。

纯度：颜色的饱和度，即色彩的鲜艳程度。

图 2-50 色彩三要素

②物体的基本色彩构成

物体的色彩与光密切相关，是在一定条件下变化的。物体的色彩主要由固有色、光源色和环境色构成。

固有色：物体反射光波后所呈现出来的固有色彩。比如绿色的草地、黄色的银杏等。

光源色：指光线照射到物体后所产生的色彩。光源色分两类，一类是自然光，如太阳光、月光。另一类是人造光，如灯光、烛光。不同光源下物体会产生不同的色彩。

环境色：影响物体色彩的周边环境色彩。光源色、环境色的强弱与产品表面质感密切相关，特别是金属等高反射材料，光源色与环境色对产品的影响更大。

2）产品常用的颜色

不同的色彩会让人产生不同的心理感受，产品在配色上首先要考虑人的感觉、知觉等要素，其中包括色彩的辨识度和醒目程度。我们常会因为色彩而记住一些产品，比如提到"119"救火设备，大家一定会想到红色。科技产品，一般都会想到蓝色系。这些都成为产品的"标签色"。设计中的色彩常用到色彩心理感觉，下面罗列出一般色彩给我们的直接感受，正是这些色彩的直观特点使得它成为设计中非常重要的一个元素。

在产品设计中，根据不同的场景、功能、定价等使用的色彩有所不同。产品手绘效果图中常用色有红色、橙色、黄色、绿色、蓝色、褐色、各类灰色等。灰色作为手绘基础色系使用最为频繁，除了绘画时作为金属材料或色彩过渡色，在产品设计中，灰色属于中间色，具有柔和、高雅的意象。

3）产品快题配色基本原则

产品色彩主要包括主色调、辅助色，辅助色也包括背景色。产品手绘效果图的绘制应注意色彩不宜过多，一般以 1~2 种色彩为主色调，搭配 1~2 种辅助颜色。色调越少，主题特征越强。色彩搭配中要注意画面的整体性，尽量少用不协调的颜色。图 2-51 主色为橙色和灰色，搭配红色线条为辅助色，红色标题与橙色背景色的处理，使得整体画面清晰明快，视觉冲击力强。

产品色彩使用时应与产品形象和风格相匹配，如果是系列产品，可以整体或局部使用色相不同但明度较为一致的色彩，使得产品之间形成系列感而又不显得突兀。

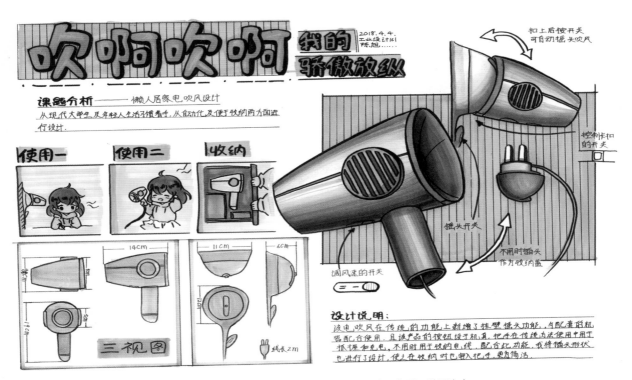

图 2-51　懒人居家电吹风设计（设计者：陈旭 / 指导：陈国东）

配色基本要求：

①产品色彩与产品功能密切相关，要考虑色彩搭配与产品的形态、结构、功能的统一，比如停止键一般采用红色基调等。

②色彩要符合人的心理感受，要使人在使用操作时轻松舒适，比如工作台采用原木色或者白色，能够平缓人工作时的紧张情绪。

③色彩搭配要平衡。在色彩的冷暖、明暗对比上要做到平衡，并具有不同的层次感。

④色彩搭配要符合时代要求，设计时要考虑人们对当下色彩的审美需求。

⑤色彩搭配要考虑不同地区对色彩的喜好与厌恶，比如中东地区人喜好绿等颜色，厌恶红色，而中国人则认为红色是喜庆的颜色。

（3）常见材质的绘制方法

产品手绘表现中最难的部分应该是对材料质感的绘制，这就不能单单依靠绘画技巧，而是需要对不同材料进行了解与认识，更多的是对不同材质的观察与积累。材质的可视属性是指材料的色彩、纹理、光滑度和透明度等，利用色彩概括地表现材质特点十分重要。

不同材质的绘制方法：

1）高光泽材料

主要有不锈钢金属、高光泽塑料、电镀材料、光滑木料等。高光泽材料具有较高的硬度和光洁度，因此光影变化十分明显。高光和反光出现位置比较集中，轮廓清晰明显。这些材料受环境影响较大，明暗过渡对比强烈，高光处明显，暗部加重。如图2-52所示高光泽金属材料与高光泽塑料材料，明暗过渡对比强烈，高光处做留白处理。

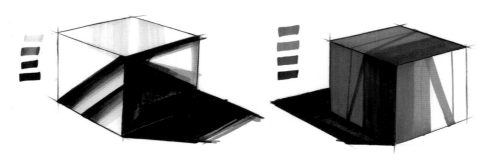

图2-52　高光泽金属材料与高光泽塑料材料（绘图者：陈姝颖）

绘制要点：

① 材料表面光洁度高，明暗过渡对比强烈，高光处可以留白，呈现点状、线状或带状高光，暗部加重处理。

②用笔时线条干净利落，线条尽量直硬。

③受环境影响较多，绘制时注意绘制出较明显的环境与物体本身相互反射的效果。

2）低光泽材料

主要有哑光金属、塑料、木质、皮质等。低光泽材料较高光泽光影变化弱，明暗过渡平缓，反光弱。如图2-53所示木制材料与皮革材料，反射小、高光过渡均匀，材质纹理细节表达清楚。

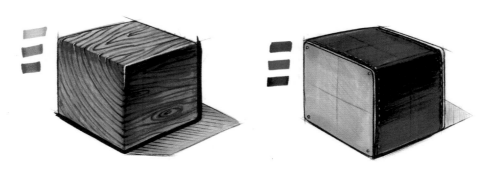

图2-53　木制材料与皮革材料（绘图者：陈姝颖）

绘制要点：

①材料表面光洁度低，表面反光较弱，明暗对比柔和，高光区域呈现面状分布，可用白色彩铅绘制。

②受环境影响小，通过颜色的渐变和暗面的过渡来表现，色彩应力求过渡均匀，质感细腻，特别是皮质产品，要求绘制时注意笔触柔软和针脚线的细节。

3）透明材料

主要有玻璃、有机玻璃、透明塑料等，光线能折射、穿透形体本身。如图 2-54 所示透明玻璃材质，材质表面高光反射明显，受环境影响较大。

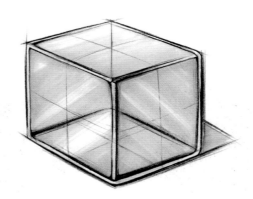

图 2-54 透明玻璃材质（绘图者：陈姝颖）

绘制要点：

①材质光滑，高光与反光效果明显，可以采用白色彩铅进行绘制。

②受环境影响，可借助环境底色来绘制出产品形状和厚度，绘制时容易产生颜色叠加关系。

4．设计实践

实践训练 1：色彩材质训练（1 课时）

训练要求：

（1）根据材质不同特点，在材质立方体上表现金属、塑料、皮革、玻璃等不同材质。笔触自然流畅，材质效果真实。

（2）绘制在 A4 绘图纸上，每张纸上绘制一种材质，绘图工具不限。

实践训练 2：产品线稿图上色训练（2 课时）

训练要求：

（1）教师提供 2~4 个产品的线稿图，并打印在 A3 绘图纸上，要求学生根据产品的特点给产品上色。

（2）根据产品的不同属性给产品上色，要求色彩饱满、材质表达真实自然、立体感强，绘图工具不限。

2.2 快题设计详解

2.2.1 产品细节表达

1. 课题要求

课程名称：产品细节表达

课题内容：关注产品的各种细节，熟练掌握各种产品的细节形态的绘制。

教学时间：3课时

教学目的：（1）学会观察产品的细节，养成良好的观察习惯。

（2）掌握各类产品细节的表达效果与方法。

作业要求：（1）个人独立完成。

（2）对产品中各类细节进行分类并掌握其特点。

（3）在A3纸上作图，绘图工具自备。

课堂作业：（1）产品细节分类手绘训练。

（2）产品造型设计实践。

2. 设计案例

案例一：细节丰富的产品1（图2-55）

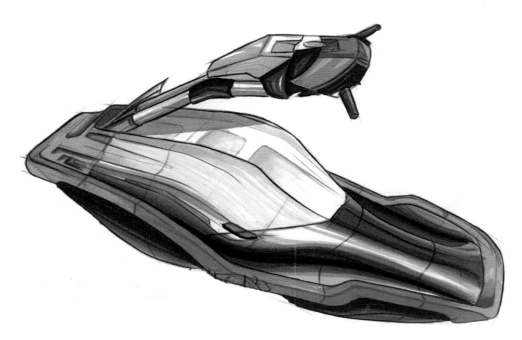

图2-55 快艇（绘图者：高雅娜）

案例二：细节丰富的产品2（图2-56）

图2-56 溜冰鞋（绘图者：陈姝颖）

3. 知识点

产品中的细节体现了产品的某种功能，更是产品造型中画龙点睛的一笔。无论多简单的产品，只要仔细观察，就会发现它存在很多的细节。比如一个玻璃杯，光滑的透明玻璃质地，使它反射、折射环境的效果明显，这是它最重要的细节。其次观察它的壁厚，会发现顶端与底面的玻璃更加厚实，玻璃杯身壁厚最薄等细节，这些都是可以通过肉眼观察到的。

除却产品自身的细节，其包装中的平面设计元素也是产品的细节之一。设计者的创意想法不仅可以通过产品自身的细节、外观和功能体现，也可以通过平面信息展现，融入平面信息会使设计更加的丰满，也具有更强的生命力。一款优秀的产品是产品本身与平面设计完美融合的载体，因此该产品设计的各个方面都是高度统一的。

进行细节设计时，细节所传达的情感不仅可以提升用户对产品的好感度，也利于提高产品口碑。也许仅是一句话语，一个彩蛋都可以打动用户，从而产生情感上的共鸣，这便是情感化设计在产品细节中的作用。

从产品绘制与快题设计的角度来划分，细节可大致分为两大类：固定细节和交互细节，如图2-57所示。

图2-57 产品细节关系图

（1）固定细节

固定细节即产品本身所具备的细节。固定细节在产品中的体现主要为三种。①孔网结构，如散热孔、出音孔和数据线孔等。②防滑结构，其多出现于工具类产品中的把手部分，其次是瓶盖等需要防滑处理的部位。③装饰线条也是不可忽视的产品细节之一，其为美化产品大块面起到重要作用。

1）孔网结构

孔网结构如图2-58所示。绘制孔网结构时，突出其"镂空"的特性，且需要添加该孔结构的功能元素。如"出风口"，绘制一些空气流曲线在外部即可。"出音孔"，可绘制一些音符在孔状结构周围。

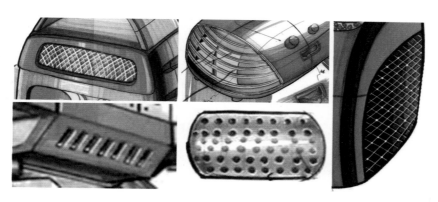

图2-58 孔网结构（绘图者：王影、李晓惠等）

2）防滑结构

防滑结构如图2-59所示。防滑结构较易理解，即"需要增大摩擦的部位"。大家可以仔细观察日常使用的工具，如扳手、锯子、螺丝刀等，手持部位都会有"螺纹"结构，这些"螺纹"增大了阻力，防止使用时工具滑落。

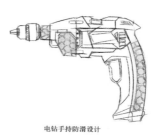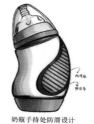

电钻手持防滑设计　　奶瓶手持处防滑设计

图2-59 防滑结构（绘图者：周欣怡等）

3）装饰线条

产品的装饰线条可分为两种：一种为产品分模线，如图2-60中左图所示的手持产品把手与底座之间的分模线，该线条为灌注时使用拼接模具而产生的缝隙。另一种为无功能的装饰线条，如图2-60中右图所示音响形体上的弧度曲线造型，该类线条从审美角度出发，增加产品外观美感。

图2-60 装饰线条（绘图者：李子健、蔡萧临）

（2）交互细节

交互细节则是需要用户参与完成的细节。其在产品中的体现也可大致归为三种。①按钮，按钮作为人与产品之间交流的大门，它的操作方式直接影响人们对产品的第一好感度。②可安装部件，如盖子、镜头和组合产品等部件，在安装过程中的交互便捷性也影响产品的使用体验。③可视化信息作为产品中不可缺少的一部分，是人与产品深层情感的桥梁。信息与内容所呈现于用户眼前的都是情感交流的信息。

1）按钮

按钮的类型较多，如图 2-61 所示为部分按钮。按钮大致归类为三种：滑动按钮、按压按钮和旋转按钮。"滑动按钮"较常出现于产品的调控变换，如滑动调节吹风机的风档来调节风速。"按压按钮"多出现于电子产品开关结构，如液晶电视的开关键。"旋转按钮"的功能类似于滑动按钮，多为调控变化，如收音机的音量旋钮。

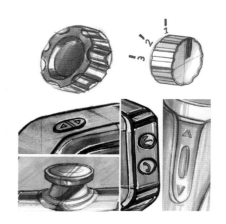

图 2-61　按钮示例（绘图者：李子健等）

2）可活动部件（盖子／镜头／组合产品）

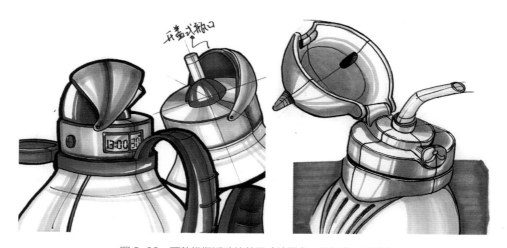

图 2-62　两款奶瓶活动的盖子（绘图者：许智嘉、张维）

可活动部件，可理解为能拆装的部件，如瓶盖、电池后盖、可组装的活动家具等。这些部件都需要人们进行手动参与才能完成功能的变化。图 2-62 为可打开的盖子这一活动部件。

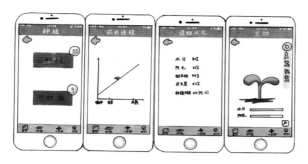

图 2-63　App 信息展示细节
（绘图者：沈恬）

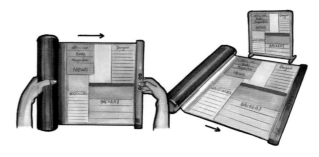

图 2-64　电子阅览器浏览界面与操作
（绘图者：姚林群）

3）可视化信息（界面内容交互 / 虚拟现实 / 人像识别）

交互不仅是实际物体之间的信息沟通，随着信息时代的推进，信息越来越多地以虚拟化的形式展开。缺少了直观的物质交互，UI 界面中信息表达的直观度与正确性就显得更加重要，因此在绘制 UI 界面时，一定要突显出核心信息。界面交互的流程性、顺序性也要表述恰当。图 2-63、图 2-64 为 UI 界面手绘示例。

4. 实践程序

实践训练 1：请单独绘制产品的各类固定细节和交互细节

训练要求：

（1）每种细节不少于 2 个，可以对照片进行临摹。

（2）细节要精细，先画手绘线稿，然后上色，强调立体感。

（3）绘制在 A3 图纸上，绘图工具不限。

实践训练 2：结合上述细节中的内容，临摹一个实际的产品，要求绘制出相应的固定细节和交互细节。

训练要求：

（1）线稿图稿要求透视准确、线条流畅。

（2）色彩层次清晰、立体感强。

（3）绘制在 A3 绘图纸上，绘图工具不限。

2.2.2 产品造型述说

1. 课题要求

课程名称：产品造型述说

课题内容：理解和掌握产品的基础形态与表达。

教学时间：4 课时

教学目的：（1）理解不同形态特征的产品造型特点。

（2）掌握不同形态产品的表达方式。

作业要求：（1）个人独立完成。

（2）对造型设计进行发散性思维，在图纸上进行构思草图风暴。

（3）在 A3 纸上作图，绘图工具自备。

课堂作业：产品造型设计实践 2 个。

2. 设计案例

案例一：以长方体为基本形态的产品（图 2-65）

图 2-65　未来家庭投影仪（设计：陈勇 / 指导：王军）

案例二：以球体为基本形态的产品（图2-66）

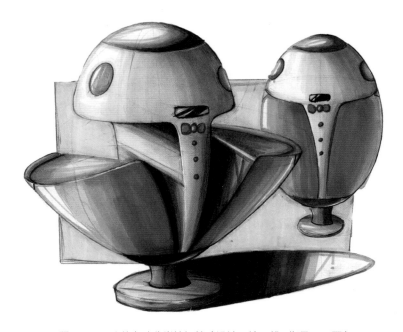

图2-66 公共自动分类垃圾箱（设计：楼可侎/指导：王军）

3. 知识点

产品的造型随着时代的前进、科学技术的发展、人们审美观念的提高与变化，不断地向更高的水平发展变化。

影响产品造型设计的因素很多，如本身功能承载、工艺难度、交互方式和使用环境等，因此优秀的产品设计应考虑到的因素是综合性的。现代产品的造型设计，其侧重于满足人和社会的情感需要，符合审美又满足功能需要的产品使人们的生活更美好，同时也在一定程度上推动社会物质文明和精神文明的发展。

产品造型类别大致可分为几何造型与有机仿生造型（图2-67）。

图2-67 产品造型设计关系图

（1）几何形体

以基础几何形体衍生出的基本形态。设计师依据使用功能、操控性、个人喜好和审美倾向，利用几何基本形体和产品所处环境的需要来进行产品造型设计，这使得产品造型具有很高的灵活性。一些建议性的基本操作都可以使造型更加丰富，有规律而不单调，并且各部分之间既有区别又有内在联系。

1）长方形体

立方体造型的产品千变万化，有多种演变方式，其中最常使用的方式为"倒角"、"切割"。倒角后的产品更加圆润，其原有的锋利切割感会被削弱。因此产品所传达的情感更加细腻，更亲民，富有亲和力。长方体造型经过切割变形处理后，可以得到更加多样化的造型形态。图2-68为经过倒角处理的打火机造型。图2-69的电子钟造型可以看作是在长方体造型的基础上进行切割变化而来的。

图2-68 打火机（绘图者：裴嘉诚）

图2-69 小雏菊多功能电子钟
（设计者：耿宇彤／指导：王军）

2）圆柱形体

由圆柱体为基本形体演变而来的造型可归为"圆柱形体"。演变的方式多种多样，如"左右或上下拉伸"、"弯曲"、"锥化"等方式，例如图2-70所示的植物盆栽器设计，产品的基本形体可以理解为"上下拉伸"的圆柱体，增加了细节的设计以及使用了不同材质的搭配使产品造型变得丰富。圆柱形体还经过变形处理得到更丰富的造型，如图2-71所示的奶瓶设计，可看作是圆柱锥化后弯曲得到的造型，曲线流畅，造型优美，体现了儿童产品的可爱风格，且弯曲的瓶身在功能上使婴幼儿更容易抓握。

图2-70 植物盆栽器（设计者：张维／指导：戚玥尔）

图2-71 奶瓶设计（设计者：徐浙青／指导：杨存园）

3）球形体

以球体作为基本形体经过变形、切割、挤压后的造型，称之为球形体，这些形态有时呈现出椭球体、半球体等造型。如图 2-66 中的公共自动分类垃圾箱就是椭球体的造型，图 2-72 音箱设计呈现出球体的造型，图 2-73 呈现半球体的造型，图 2-74 呈现出 1/4 球体的造型。切割与挤压将球体"对称均匀"的体态改变，从而使造型更加活跃，也让产品更有"动态"感。

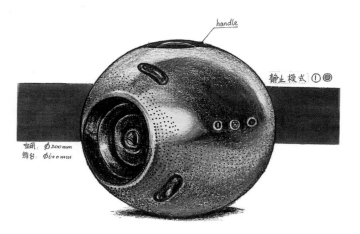

图 2-72　音箱设计（设计者：姜圣杰 / 指导：王军）

图 2-73　球形座椅（绘图者：洪米雪）

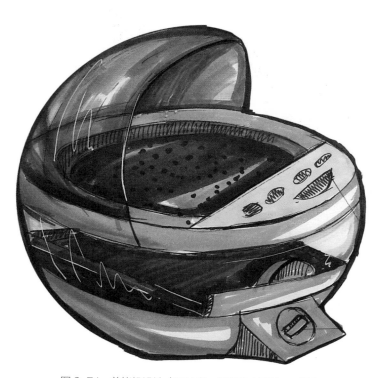

图 2-74　煎烤机设计（设计者：杨晟宇 / 指导：王军）

4）组合形体

组合形体相较于基础形体构成的产品而言更加复杂，但其不仅更美观，也更加富有视觉冲击力。不同基础形体在组合的过程中，如何完美的融合，如何处理面与面之间的连接，如何调整比例关系，这些因素都增加了产品的实现难度，正因如此，也让组合形体的产品具备更大的吸引力。图2-75～图2-77为不同形态组合而成的产品。

图2-75 球形体＋圆柱形体造型
（绘图者：李晓惠）

图2-76 圆柱形体＋半球形体造型（绘图者：李子健）

图2-77 圆柱形体＋圆柱形体造型（绘图者：姜铭棋）

混搭后的基础几何形体更加千变万化，产品细节也有了更多载体，从而使产品的视觉感受更加丰富。

（2）有机形体

仿生形态的产品设计融合了自然生物体态与人类工业设计。人们借鉴自然界生物的结构和功能原理，取其最有代表性的形态元素，如海豚的流线型体态、企鹅的温暾体态和黑白色彩特点等。在人类等所具有的典型外部形态的认知基础上，进一步突破并创新产品形态，再借助日益先进的科学技术呈现于大众眼前，因此仿生设计是生物外部形态美感特征与人类审美需求的统一体。

1）曲线形体

曲线给人一种"温润"之感，柔和的曲线外观，让产品变得更具有亲和力。同时曲线也给人以"流畅与动态"之感，用于汽车外观设计之中，流畅的曲线让汽车似乎具有在风中疾驰的速度感。图2-78奶瓶设计，造型创意从企鹅而来，形态圆润流畅，倾斜的奶嘴更容易喂奶，图2-79所示手持电熨斗，外形流畅，过渡自然，给人带来亲和感。

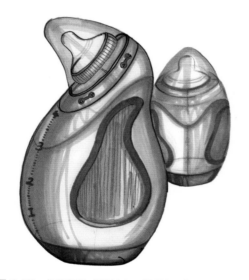

图2-78　奶瓶设计（设计者：胡晨晨/指导：杨存园）

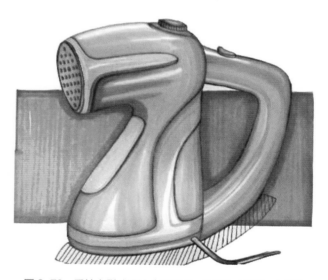

图2-79　手持电熨斗设计（设计者：钟柳依/指导：王军）

2）特征形体

特征形体也可称为仿生形体，其取自然界生物的特征形态，由之衍生而来。红蚁的醒目红色，螳螂的跳跃动感等。在演变仿生造型时要注意，做到"似像非像"才是优质的造型演变。如若完全按照特征形态进行产品设计则缺少新意。图2-80仿生自海豚的身体曲线，图2-81仿生自虞美人花花朵的造型。

图2-80 海豚车载音响（绘图者：王佳莉）

图2-81 虞美人花盏椅
（设计者：项忆然／指导：王军）

4. 实践程序

实践训练一：根据上述几何造型产品表达的内容，以"长方体"、"圆柱体"和"球体"作为造型原点，分别设计一款空气净化器。

实践训练二：根据上述有机造型产品表达的内容，以自然界中的一种动物作为造型原点，设计一款家具和一款电子产品。

上述两道题目的训练要求：

（1）尽可能多地发散思维，进行草图风暴，草图可绘制在一张A3绘图纸上。

（2）选择一款方案作为最终方案，进行效果图绘制。

（3）线稿图稿要求透视准确、线条流畅、色彩层次清晰、立体感强。

（4）效果图绘制在A3绘图纸上，绘图工具不限。

2.2.3　产品场景表达

1. 课题要求

课程名称：产品场景表达

课题内容：掌握各种产品的使用场景和人机互动的绘制。

教学时间：3 课时

教学目的：（1）学会观察和体验产品的使用状态和情景。

　　　　　（2）掌握产品使用场景的表达。

作业要求：（1）个人独立完成。

　　　　　（2）人物造型简洁，具有代表性。

　　　　　（3）在 A3 纸上作图，绘图工具自备。

课堂作业：产品使用场景的手绘表达。

2. 设计案例

案例一：便携产品使用场景（图 2-82）

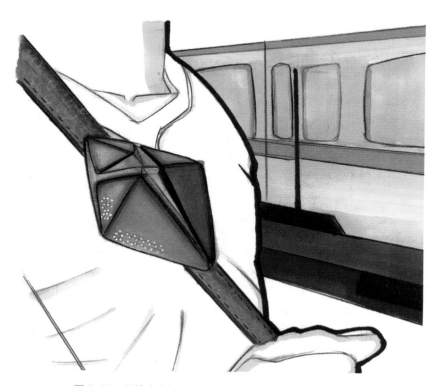

图 2-82　便携式空气净化器使用场景（绘图者：许婷娟）

案例二：双人交流场景（图2-83）

图2-83 交流场景（绘图者：琚思远）

案例三：母婴互动场景（图2-84）

图2-84 奶瓶使用场景（绘图者：陈旭）

3. 知识点

人与环境之间存在复杂的多向关系，环境与人的行为共同构成了场景。环境也是人某些行为的载体，因此场景表达的重点在于抓住各类场景中的特征物来展示所描绘的场景。场景表达的关系如图 2-85 所示。要注意的是，场景图的最终目的是为表现产品功能服务的，能够准确地表达出产品的使用状态即可，不需要绘制的过于精细，以免花费太多时间。

图 2-85　场景表达关系图

（1）日常场景

1）室内场景

室内部分场景如图 2-86 所示，分别表现了厨房（洗碗槽 / 菜 / 冰箱）、卧室（床 / 床头柜）、客厅（电视 / 茶几）、卫浴（淋浴）等场景。

2）户外场景

户外场景包括户外运动、旅游出行等产品的使用场景。图 2-87 所示分别为旅行背包、户外钓鱼、户外头盔等产品的使用场景。

图 2-86　室内场景表现（绘图者：胡玉叶、高雅娜等）

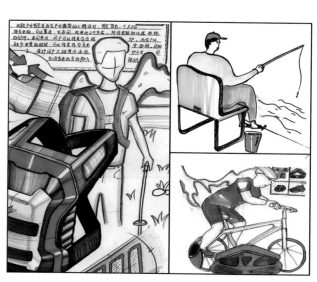

图 2-87　户外场景表现（绘图者：陈晓燕、藤灵豪等）

旅行时背包是必不可少的一件物品，尤其是户外探险等活动。产品的场景展现的是一名户外探险者，与山峰相呼应，因此该产品所具备的功能则更加丰富，为探险者提供更为专业的使用工具。户外钓鱼产品的使用场景，表现了产品使用时人与产品的状态和关系。户外头盔产品的背景是雪山与骑行的头盔使用者，这一环境给予的信息区别于普通户外活动，说明该头盔使用时适应更加恶劣的低温环境，为使用者提供更为舒适温暖的佩戴感。

（2）特殊场景

1）未来空间（太空/科技感数字/蓝色）

未来世界的产品，突破现有的技术，设计师基于对先进技术的把控与畅想，将其应用于产品中，让产品更有冲击力，开阔人们的眼界，引领潮流方向。

图2-88所示为潜水辅助产品的使用场景，此款潜水辅助产品的绘制背景清楚明了，抓住了潜水用户和海洋这一关键元素，将产品的使用环境和用户交代了清楚。

图2-88 未来潜水跟随仪使用场景（绘图者：徐夏燕）

2）灾难环境（受伤/破碎房屋建筑/火/洪水）

图2-89表现了地震时警报器的使用场景，用户的表情即说明了他身处的环境十分危险，桌子的晃动、用户的姿势都将"地震"这一外部环境展现了清楚。

图2-89 地震警报器场景（绘图者：王雯藜）

（3）构建场景的三种方法

如何构建场景是手绘快题中版面展示的重要一步，因此学会构建场景对快题成绩的提升有较大的帮助。我们将构建环境的方法分为以下三种：

1）整体环境放大法

将产品工作状态的整个场景放大，绘制出场景里出现的人、物及周边环境来表现产品的使用状态。图 2-90 表现了该家具产品使用时用户和宠物猫共同使用产品时的场景，传达出人与宠物之间的温馨情感。

图 2-90　猫咪椅（设计者：陈晓燕 / 指导：郑旗理）

2）流程演示法

以流程图的形式阐述操作场所、使用方式等。操作演示能更好地表达出产品的使用方式，清楚明了的流程图便是最好的思维表达方式。但过于复杂的流程图会适得其反，因此四张简明的流程展示图较为合适。图 2-91 通过小人儿高度的变化来观察纸巾盒内纸巾的数量，图 2-92 则通过故事版的方式表达出产品的操作流程。

图 2-91　可视抽纸盒的使用状态变化
（设计者：王雯藜 / 指导：王军）

图 2-92　宠物产品操作演示流程
（绘图者：琚思远 / 指导：郑旗理）

3）动态展示法

　　动态展示法适合于展示产品的动态操作过程，绘制虚实形态或者使用辅助箭头指示动态的方向。图 2-93 通过箭头的方向表现了椅子的折叠功能和状态，图 2-94 通过人的手部动作和箭头指示的方向展现了产品的使用方法。

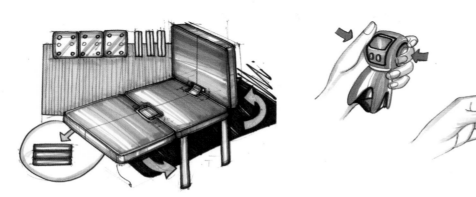

图 2-93　折叠椅子及动态展示
（设计者：鹿国伟 / 指导：王军）

图 2-94　产品操作动态展示
（绘图者：方江萍 / 指导：郑旗理）

4. 实践程序

实践训练 1：绘制一款户外产品的使用场景

实践训练 2：绘制一款日常用品产品的使用场景

上述两道题目的训练要求：

（1）产品题材不限。

（2）人物形象简洁，场景描绘使人一目了然。

（3）绘制在 A3 图纸上，绘图工具不限。

2.3 快题设计的应用研究

2.3.1 快题版面探索

1. 课题要求

课程名称：快题版面探索

课题内容：掌握快题版面设计的应用，使学生高效地完成快题设计。

教学时间：10 课时

教学目的：（1）掌握产品快题版面表达的构成。

（2）掌握版面表达中各个模块的意义和表达重点。

（3）掌握快题版面设计的流程和方法。

作业要求：（1）十大版面模块独立练习，要求线稿图精致，色彩搭配和谐。

（2）完整版面设计，要求各模块内容完整，整体版面思路清晰，画面干净整洁。

（3）完整的版面要求在 4K 纸上作图，绘图工具自备。

课堂作业：整幅产品快题版面设计训练。

2. 设计案例：解析快题设计的版面表达

快题设计的版面是整张快题表达的重要内容，是快题的最终表现。快题设计的版面必须要具备良好的可读性和易读性，做到信息完整、条理清晰、阅读流程舒畅、色彩搭配协调、产品形态优美，最终给阅读者带来良好的第一印象和愉快的阅读体验。

一般来讲，快题的版式有横版和竖版两种形式。

（1）横式版面设计案例：饮料驿站——智能回收饮料瓶机（图 2-95）

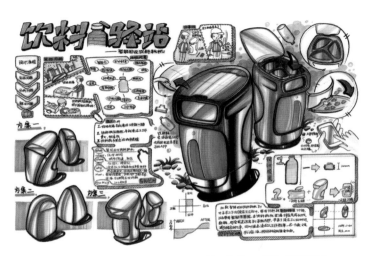

图 2-95 饮料驿站（设计者：汪婷 / 指导：王军、郑旗理）

（2）竖式版面设计案例：Copy Expert——便携智能复制粘贴仪设计（图 2-96 ）

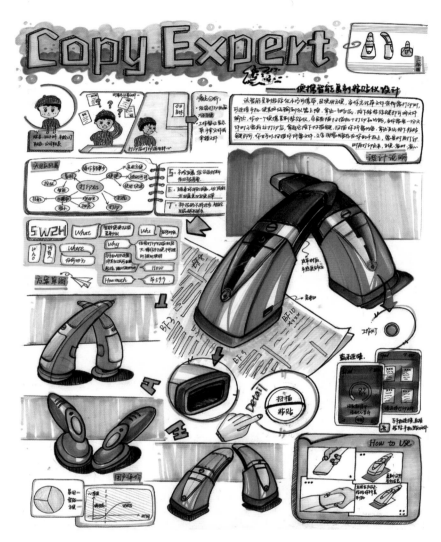

图 2-96　Copy Expert（设计者：李晓惠 / 指导：郑旗理、王军）

　　图 2-95 和图 2-96 分别为横排版和竖排版的版面，从上述版面中可以看出，一幅优秀的快题设计版面，不仅要求视觉表现突出，更重要的是叙述思路的清晰性和信息传达的完整性，能让阅读者轻松愉快地读懂这幅版面所要表达的内容。

　　将一幅版面解构，能够发现快题设计的版面内容也是遵循"发现问题——分析问题——解决问题"这三大板块的思路进行的。这三大板块其中的要素又可以进一步划分为标题、课题分析（包含用户模型、痛点分析 / 故事板、思维导图、设计定位等 4 个子要素）、主方案效果图、备选方案图、功能细节图、使用情景图、爆炸图、三视图、设计说明以及指示性图标十项模块，它们之间的关系如图 2-97所示，这十项模块的内容环环相扣，相辅相成，共同组成一张逻辑清晰、信息完备的快题设计版面。

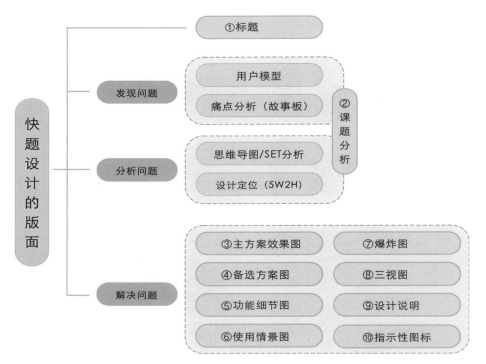

图 2-97　快题设计版面的模块要素

另外，版面的整体色彩搭配也非常重要，十项模块的色彩不能各自为政，它们都需要服从整幅版面色彩搭配的要求，色彩搭配要遵循对比与统一的原则，既要引人注目、主次清晰，也需要整体色彩和谐统一，避免花哨和杂乱。画面色彩过于统一，则会让画面显得单调呆板，缺少生气；反之过于强调色彩的变化，则让画面显得杂乱，影响阅读。因此，画面颜色的选择一般应不超过三种色调，即主色、辅助色、点缀色，同一种色调可以选择不同明度来体现色彩的层次变化。

3．知识点：快题版面的十项模块要素

（1）要素 1：标题

快题设计的标题如图 2-98 所示，一般分为主标题和副标题，分别用来表达设计理念和设计意图，使阅读者快速清晰地理解我们的设计。标题有以下几点需要注意。

1）标题的命名

主标题的命名应该选用简短、生动、有意义的语句，用以快速引起阅读者的兴趣和关注，副标题的内容则要直截了当地说明产品的名称或属性。如"盖不由己——为老年人设计的拧盖器"、"饮料驿站——自动回收饮料瓶机"。这种主副标题的搭配能让阅读者在第一时间了解产品的功能创意点和产品的设计方向，显示了设计者准确的文字表述能力，给阅读者良好的第一印象。标题的组成形式可以是中文 + 中文、中文 + 英文、英文 + 中文等。

图 2-98 标题设计案例（绘图者：李晓惠、汪婷、陈旭等）

2）标题的形象设计

主标题以字体的造型设计为主，标题的形象应该醒目，吸引力强，且设计风格应与产品设计的类型相匹配。如儿童类产品的标题应该活泼、趣味性强；高科技产品的标题应体现出理性、简洁的特点。为了增强标题的表现力，还可以加入背景色彩、卡通图案等进行组合设计。副标题则最好用较细的签字笔工整地写在主标题的下方或旁边。

3）标题的位置和大小

主标题应该置于版面上醒目的位置，按照人的阅读顺序，一般以画面左上角、右上角为宜，但是切忌放置在画面中。主标题的大小以 4K 纸为例，主、副标题模块的尺寸高度控制在 50mm 左右，长度弹性较大，一般在 150~200mm 左右，根据实际情况有时也会更长一些。

4）标题的色彩

主标题色彩可以选用版面上产品配色中的某种颜色，这样比较容易达到整体版面色彩的和谐统一。副标题用色低调，以达到主次分明。

（2）要素 2：课题分析

课题分析的目的是表达产品设计关键性的思维分析过程，由于版面篇幅所限以及易读性的要求，版面中的课题分析并非是完整的设计分析过程，而应是简洁的、高度概括的、包含了关键信息点的分析。一般来说，课题分析包含四个方面的子要素，完整的课题分析如图 2-99、图 2-100 所示。

1）用户模型

结合课题所述的要求，分析产品使用人群的共性特征，描绘出典型的人物角色形象。用户模型并不一定在所有的版面上显示，更多时候用于在大幅面的版面上出现，如 A2 及以上幅面的版面上。

2）痛点分析

将自己分析的问题具体化，并用简短的词句进行描述，言简意赅，并且可结合故事板来进行图文化描述，提高易读性。故事版用于发现问题、分析问题，基于人、产品、使用环境三大要素，用来表达产品的设计故事、使用场景。其通过一定的图像绘制，能清晰地表达出产品的使用和设计意图，使要表达的信息视觉化。

3）思维导图

使用思维导图主要是向阅读者示意思维发散的过程，应该是一个经过设计者高度提炼和概括，能够清晰展示关键性词句的思维导图。

4）设计定位

一般使用 5W2H 法进行分析，用来明确设计的产品方向。

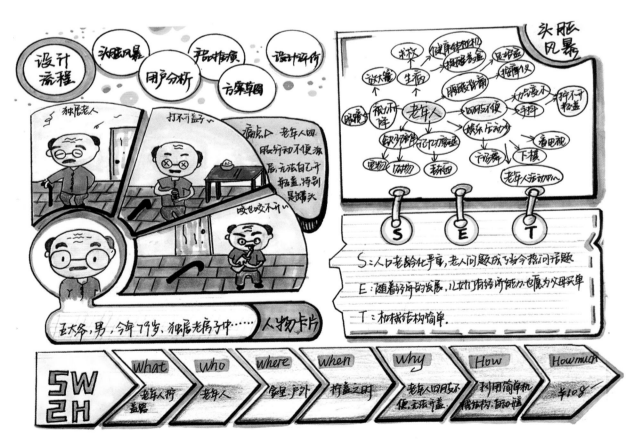

图 2-99　课题分析 1（绘图者：李晓惠）

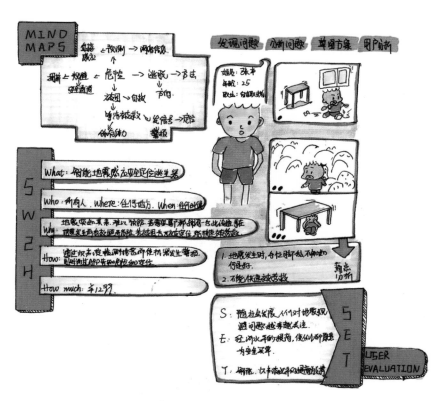

图 2-100　课题分析 2（绘图者：李晓惠）

　　特别提出的是，故事板中需要绘制一些人物形象，这里的人物形象是设计定位的代表性人群。一般不需做素描般的人物刻画，能够清楚地表现出人物形象即可，但是切忌草草勾勒，以免破坏版面效果，给阅读者不好的印象。故事板中的人物一般以"矮萌"的形象出现，建议平时多练习，能够熟练绘制一些典型代表人物形象，在有限的时间内画出最好的效果。如图 2-101 所示为四种典型的人物形象，儿童、青年男女、老人。

图 2-101　四种典型人物形象示例（绘图者：陈旭）

（3）模块3：主方案效果图

产品主效果图是整个版面的重中之重，一般要占到画面的 1/4～1/3 的面积。产品主效果图最好选择从主、辅两个角度同时来表现产品，如图 2-102 所示，即一个展现产品主要特征的主角度和一个辅助角度。两个角度一前一后，构成一个主次分明的整体，能够比较完整地展示出产品的各部位细节。

图 2-102　主方案效果图案例 1（绘图者：汪婷）

主方案效果图的绘制需要注意以下几个方面：

1）位置

主效果图作为画面的核心，最好放置在"黄金比例"位置，这类似于摄影的构图，主体物的位置可以参考黄金分割、九宫格等人类视觉的法则，避免放在画面正中央或者四个角。

2）大小

既然是画面的主体，就不可过大或过小，过小导致主次不分，过大影响视觉美感，因此，一般主辅效果图占整个画面的 1/4～1/3，可根据不同类别的产品酌情增减比例；并且，主辅角度之间的大小有所差异，从而实现主次有别，使画面有层次感。

3）色彩

色彩种类不宜过多，否则会显凌乱花哨，一般 2～3 种即可。

4）背景色

一般都会用背景色来衬托主效果图，进而使整个版面规整，使相关要素之间联系起来。背景色块的色彩可以与产品主辅效果图形成对比，但应低调，以免喧宾夺主；其次，背景色块应尽量规整，避免画面凌乱。

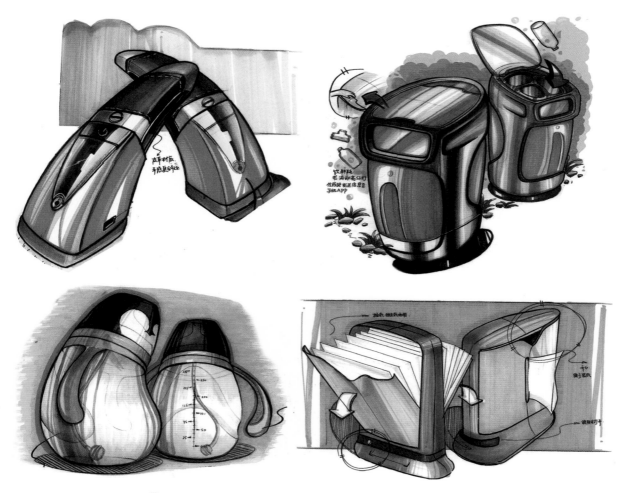

图 2-103　主方案效果图案例 2（绘图者：李晓惠、陈旭、琚思远等）

5）主辅两个角度的关系

　　首先，主角度选的视角应尽可能地展现产品的主要特征，同时避免过于平淡的视角，一般选取 45°平视、大角度仰视或俯视为佳，辅助角度的视角用以展示产品主角度看不见的其他部位如产品的背面、后侧面等，使阅读者能够更全面地了解产品；其次，主效果图是主体，辅效果图为辅助，因此他们之间应有前后、虚实、进退之别。

　　如图 2-103 所示的几幅效果图的主辅角度，通过远近、大小、色彩的变化，体现了主次分明的表达效果。

（4）模块 4：备选方案图

　　备选方案用来考察设计师创意思维的灵活性以及产品设计的推敲过程，并结合主产品设计方案，考察出设计者的综合设计能力，因此也是一个非常关键的要素。备选方案一般需要绘制 3 个。备选方案效果图不需要像主方案效果图那样详细精致，但是要小而工整，千万不可潦草，可以上一些淡彩，但是切记不可喧宾夺主。图 2-104 所示为备选方案绘制案例。

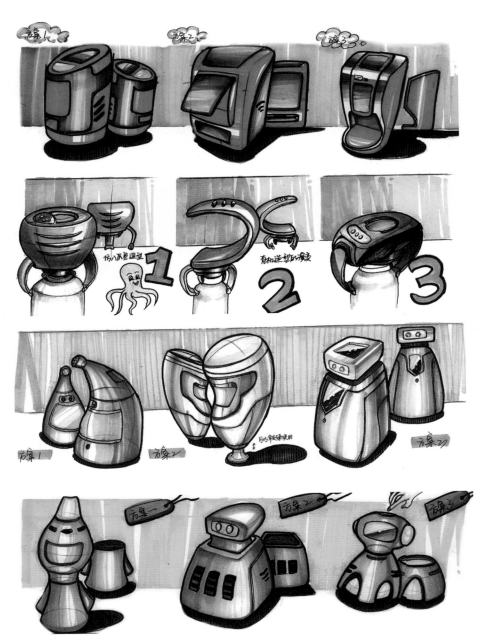

图 2-104 备选方案效果图案例（绘图者：李晓惠、汪婷等）

（5）模块 5：功能细节图（放大镜图）

功能细节图如图 2-105 所示，是对产品主效果图的必要补充。它的作用是将主效果图不能详细展示的一些造型别致、结构巧妙、功能特殊的细节部位，从不同角度，用"放大镜"的方式展现出来，让阅读者能够更全面地了解产品的创意点和设计师的能力，因此功能细节图需要耐心地去绘制，前一节所讲的固定细节、交互细节就属于此类。

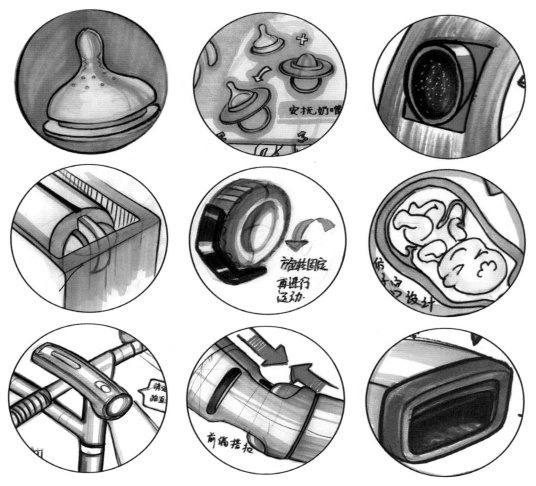

图 2-105　功能细节图（绘图者：陈旭等）

（6）模块 6：使用情景图

使用情景图与故事板有相似的地方，都需要用到人物、产品情景来表达人 – 产品 – 环境的关系。但是两者的侧重点不相同，故事板用于发现问题、分析问题，使用情境则用来表达问题解决的方式或过程。

使用情境图可以直观地表达出产品的使用状态以及比例大小，如图 2-106 所示。使用情境图交代的是人 – 产品 – 环境之间的交互关系，需要表达产品的使用情景或操作方式。

一般来说，若是展现整体情境，则需要刻画整体和人物，需要使用整体环境放大法来绘制；若是呈现具体的操作，就可以使用流程演示法或动态展来绘制。不论是何种方法，都不可避免地画出人物形象或手、脚等身体部位。需要注意的是，使用情境图的核心是展示使用场景，而不是检验多么高超的绘画技巧，所以使用情境图不需画的十分细致，以免花费过多不必要的时间，但却也不可过分"简陋"，而给人仓促潦草的感觉。图 2-107 为人的一些常用的手部动作，如按、压、提、拉、握、捏等手部姿态的绘制，绘图者平日需要多多临摹练习、熟练掌握。

图 2-106　使用情景图（绘图者：李晓惠、汪婷等）

图 2-107　常用手部姿态（绘图者：陈旭）

（7）模块 7：爆炸图

爆炸图可理解为结构分解说明图，也可以称之为立体装配图，如图 2-108 所示。爆炸图能够非常直观地反映出产品的内部结构和功能结构。比例准确、表达清晰的爆炸图是增加版面视觉效果和产品说服力的利器，同时也可以更加全面的了解绘图者的绘图能力。爆炸图可以是产品整体的分解，也可以是某些关键部件的分析和解体。爆炸图的绘制有一定的难度，建议绘图者在绘制的时候借助绘图工具和辅助线进行绘制。爆炸图可以是沿横向或纵向展开的，也可以是沿轴向展开的。爆炸图由于部件多，绘制时容易出现透视等问题，需要特别注意。

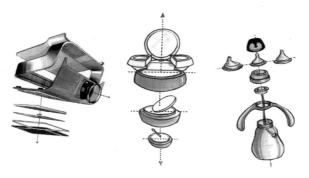

图 2-108　爆炸图示例（绘图者：顾艳云、张冕、陈旭）

（8）模块 8：三视图

产品的三视图指的是能够正确反映物体长、宽、高尺寸和结构的正投影工程图，即主视图（正视图）、俯视图、左视图。手绘快题中的三视图要求比较简单，主要是为阅读者提供产品的长、宽、高等基本尺寸，使阅读者对产品的大小有一个直观的概念，因此不需要过于详细的尺寸标注，主要标明长、宽、高等关键尺寸即可，如图 2-109 所示。绘制三视图需要规范和注意的是：

1）主视图和俯视图等长，主视图和左视图等高，左视图和俯视图等宽，且三视图中每个形体结构和基本细节需基本对齐。

2）绘制中心线和轴线（点画线），并标注尺寸基本单位：mm。

3）略施淡彩，精致而不喧宾夺主。

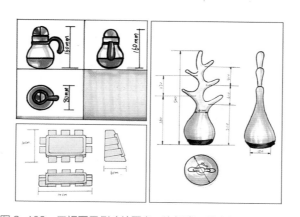

图 2-109　三视图示例（绘图者：许智嘉、耿宇桐、琚思远等）

（9）模块9：设计说明

简明扼要的设计说明是对快题产品设计的有益补充，能够弥补画面达意的不清，帮助阅读者更清楚地了解作者的创作意图，如图2-110所示。初学者容易犯的错误是把文字说明纯粹当文字写作来对待，却不注意200字左右的文字说明本身就是一幅"画面"，要与版面协调。需要用心去选取文字说明的位置和写作的字体，字数不多于200字，字迹需要工整、清晰，避免用英文。

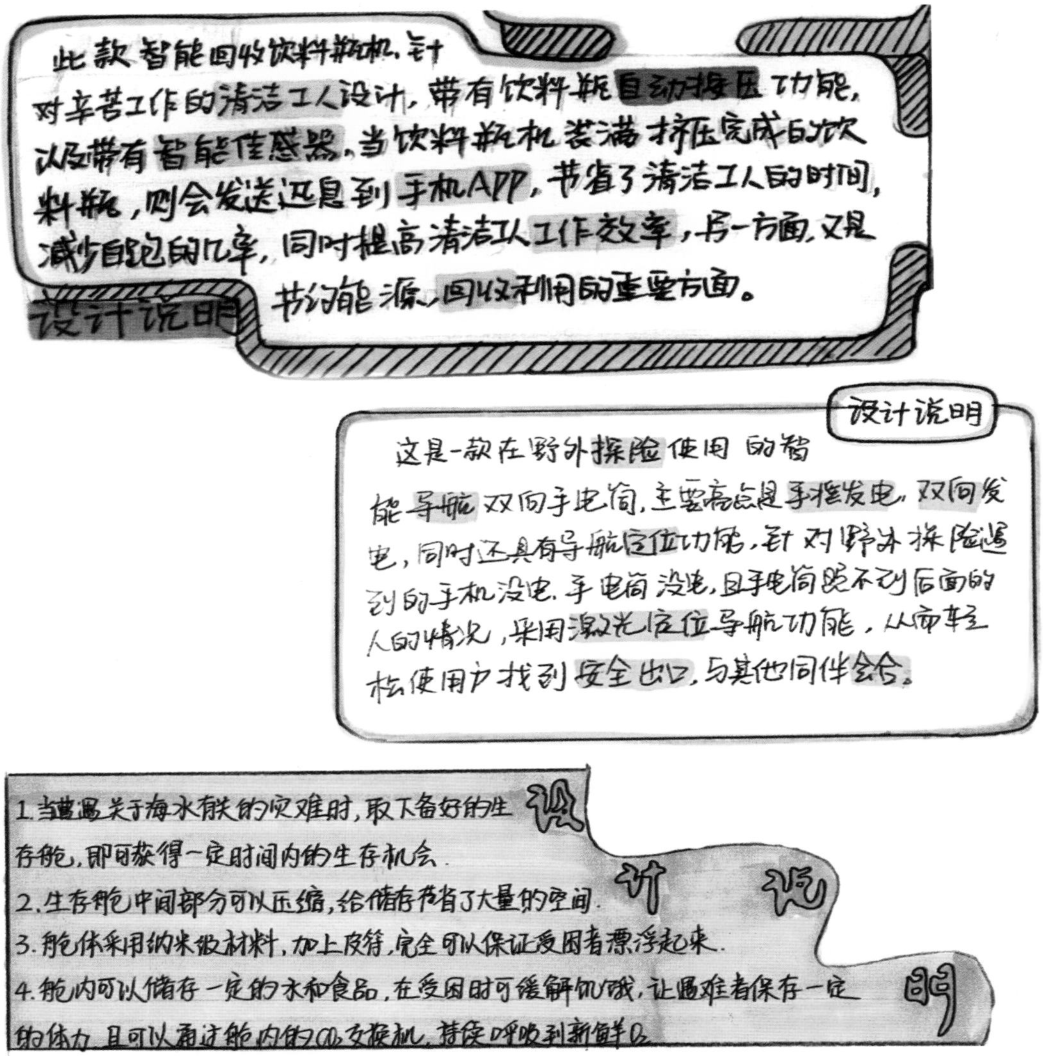

图2-110 设计说明（绘图者：李晓惠等）

（10）模块 10：指示性图标

手绘快题表现中指示性图标是不可或缺的，如图 2-111 所示的指示性箭头、引线、注释等。它们可以帮助引导读者的视觉动线，从而快速清晰地获得相关产品结构和部件的机理与说明信息。同时，清晰漂亮的指示性图标（这里主要指箭头），也可增加画面的整体性和美观性。箭头的种类有很多种，无论哪一种风格，只要运用得当，与画面整体风格符合，均可成为设计亮点。

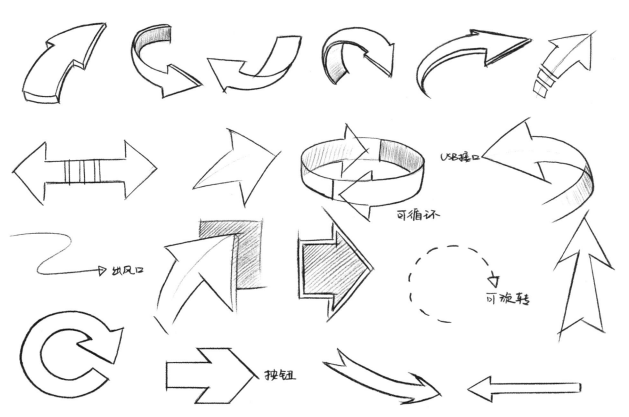

图 2-111　指示性箭头、引线、注释等（绘图者：王雯藜）

4. 设计实践

实践训练 1：快题版面构成模块单项训练（建议 10 课时）

题目：以某件产品为例，进行各项模块的单项训练。

（1）标题设计练习。请设计 4~5 种不同风格类型的标题，绘制在 A3 纸上（1 课时）。

（2）课题分析练习。包括角色模型、痛点分析、思维导图和设计定位。其中角色模型和痛点分析结合故事板进行训练。可以结合以环保低碳／智能生活／二孩政策等为主题进行课题分析练习，绘制在 A3 纸上（2 课时）。

（3）熟练绘制老人、小孩、青年男性和女性形象，可参照图 2-101 四种典型的人物形象，绘制在 A3 纸上（1 课时）。

（4）按照书上所讲的要点绘制 1 组产品主效果图和备选方案图，绘制在 A3 纸上（2 课时）。

（5）绘制某件或多件产品的功能细节图，要求绘制 3~5 个细节的练习，绘制在 A3 纸上（1 课时）。

（6）绘制使用情境图 1 张，绘制在 A3 纸上（1 课时）。

（7）熟练绘制手部常用姿态，如按、捏、握、抓、拉、拳、掌等手部动作，可参照图 2-107 手部常用姿态，绘制在 A3 纸上（0.5 课时）。

（8）以某件产品为例进行拆解，并绘制爆炸图和三视图（1 课时）。

（9）熟练绘制不同的指示性箭头，如旋转、前进、后退等，可参照图 2-111 指示性箭头、引线、注释，绘制在 A3 纸上（0.5 课时）。

实践训练 2：快题完整版面设计训练（建议 2 课时）

训练要求：以一个虚拟的设计课题为主线，构建快题设计版面线稿图（不需要上色）。

（1）各项版面构成模块完整。版面信息完整，表达思路清晰。

（2）构图优美，线条流畅自然。故事板中人物角色生动。

（3）绘制在 4K 的绘图纸上，绘图工具不限。

设计步骤：

（1）划分版面模块的位置和比例大小。

（2）详细绘制各模块线稿图、细节图。

（3）综合上色，完成最终版面。

2.3.2 快题内容解析

1. 课题要求

课程名称：快题内容解析

课题内容：对快题设计的题目、题型和考察内容分析。

教学时间：8课时

教学目的：（1）使学生对快题设计题型进行精准解析，抓住关键点，清晰表达设计创意。

（2）熟悉快题设计的常用题型以及特点。

作业要求：（1）独立完成两套完整的快题设计作品。

（2）符合题目的考核要求，产品思路清晰、设计新颖、形态美观、版面整洁。

（3）要求在4K纸上作图，绘图工具自备。

课堂作业：产品快题设计专题训练。

2. 设计案例

（1）快题设计案例一：以"关爱"为主题设计一款产品，产品类型不限

1）题目分析

题目属于概念延展型，给出了"关爱"这个概念，但是并没有限定具体产品类型。概念类题型往往第一感觉让人无处抓手，实际上为设计者提供了一个自由发挥的空间，可以以自己擅长的产品类型为切入点来进行设计。

产品的最终目的是为人服务，广义上来讲产品的出现就是对人的关爱，因此关爱是设计永恒的使命，也是对人的生存、生命的关爱。从这个切入点分析可以得出结论，凡是对人在不同情况下的产品设计都是对人的关爱。关爱灾民，关爱弱势群体，关爱残障人士，关爱老人、儿童、孕妇，关爱辛苦加班人士，关爱家庭主妇等不一而足。这就需要找准切入点，发现关键问题并用创新的设计来解决。

2）作品分析

作品1：盖不由己——为老年人设计的拧盖器（图2-112）

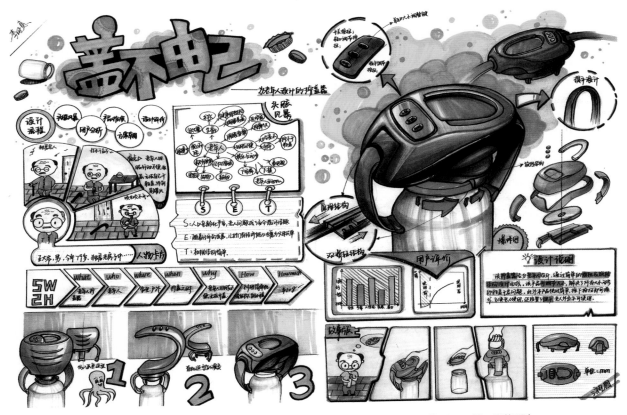

图2-112 盖不由己——为老年人设计的拧盖器（设计者：李晓惠／指导：王军、郑旗理）

该作品从关爱老年人手部力量减弱的角度切入，设计了自动拧瓶盖的产品，来解决老年人拧不动瓶盖的问题。同时该设计也可通用于手部力量较弱或只有单手的一类人群。采用滑轨和旋转的机械结构来实现产品功能，可调节大小并固定在瓶子上，实现自动拧瓶盖的功能。从关爱的角度来讲，功能上的考虑比较周到，但同时也存在一些问题，即作为一款解决拧盖问题的产品，体积较大，结构稍显复杂，若是实际的产品设计则应该在形态、功能与结构方面做优化。该作品版面设计重点突出，各个构成模块相对完整，整体阅读流程清晰，能够将设计思路和解决方案良好地展现给阅读者，阅读体验良好。不足之处是所显示的功能结构图、爆炸图、三视图的绘制不够精致，这点需要加强。

作品 2：家庭超声波洗鞋机（图 2-113）

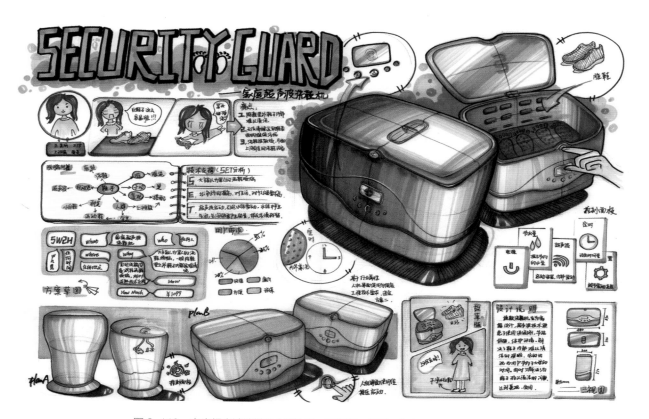

图 2-113　家庭超声波洗鞋机（设计者：李源枫、汪婷 / 指导：王军、陈思宇）

　　该作品从关爱上班族的角度出发，关注洗鞋难的问题。由于上班族工作繁忙，而传统的洗鞋方式不但花费时间，又难以清洗到鞋子的内部。针对这一问题设计家庭超声波洗鞋机，解决传统洗鞋方式的问题，既快捷方便，又能通过超声波对鞋子进行全面的清洗。该设计的切入点和问题比较准确，导入超声波这一科技手段来解决传统问题，创新性较强。整幅版面的模块比较周全，课题分析清楚，产品造型简洁大方，色彩搭配协调，阅读流程清晰，是一幅优秀的快题设计作品。

（2）快题设计案例二：以"危机逃脱与规避"为题设计一款适用于危机环境的产品

1）题目分析

这道题目首先需要敏锐地发现"危机"是什么，然后才能具体问题具体解决。危机通常理解为潜伏的祸害或危险，可以是末日、火灾、地震、突发疾病、空难、灾害、电梯被困等一些身体上的灾难，也可以引申为人心理上的危机，如亚健康等问题。不同于"低头族"等发生在人们身边熟悉的问题，这类问题平时远离生活，如果平时没经历过或者思考过，则很难准确地发现问题并解决之。因此对社会公益问题的关注提出了更高的要求。

2）作品分析

作品1：一臂之力——基于消防员安全可穿戴设备（图2-114）

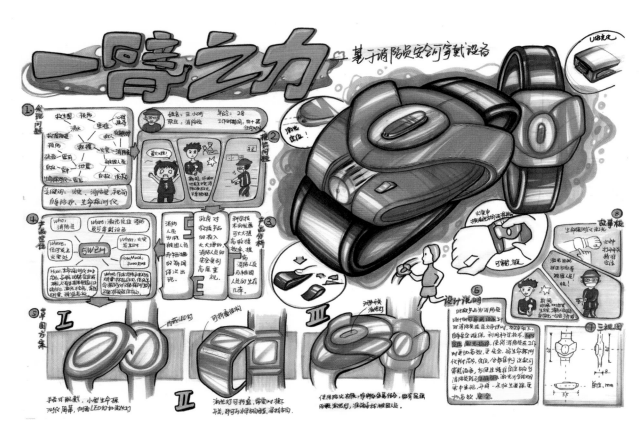

图2-114 一臂之力——基于消防员安全可穿戴设备（设计者：汪婷/指导：王军）

该作品立足于火灾救援场景下，消防员因被困牺牲的事件屡次出现，为提高火灾救援效率，减少消防员的牺牲，设计了消防员安全可穿戴设备这件作品。该产品携带在消防员的手腕部，通过生命探测仪、导航和激光指路功能组合来帮助消防员提高工作效率，减少伤亡，是一款有社会意义的产品。整体版面各模块完整，流程清晰，重点突出，比例得当，色彩搭配明快，是一幅优秀的作品。不足之处是产品功能细节图的绘制较为粗略。

作品 2：Selresc——智能地震感应安全定位逃生器图（图 2-115）

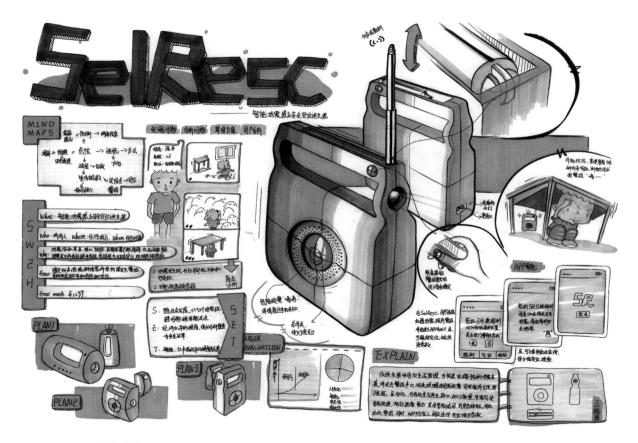

图 2-115　Selresc——智能地震感应安全定位逃生器（设计者：张启洪 / 指导：郑旗理）

该作品定位于地震逃生场景，使用次声波原理预测地震来袭并发出警报，提醒人们逃生。并通过提供手机 App 定位与地图功能指导逃生路线，如若被困，产品上还有醒目灯光和警报声提示，引导救援人员前来救助。该作品立意清晰，在产品使用功能上思考较全面，版式结构完整清晰，重点突出，阅读体验顺畅，人物场景刻画生动。不足之处是产品造型略显呆板，还有产品实际提供者是谁？用户是否能随时携带？携带是否方便？这些问题还需要深入考虑。

3. 知识点：产品快题设计 5 种类型

题目类型大致可以概括为以下五种——概念延展型、专项产品型、概念延展 + 专项产品型、特定问题（对象）导入型、设计基础考察型（图 2-116）。

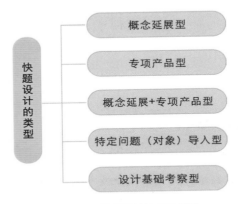

图 2-116 快题设计的 5 种类型

（1）概念延展型

这类题目不给定具体产品设计类型，一般会给出一个概念性词汇，比如"关爱"、"互生"、"分享"等，然后让设计者以该词汇为主题进行延展，自行探寻工作生活中存在的相关问题，进而设计一套完整的方案。这类题型具有一定的新产品开发性质，具备一定的前瞻性、研究性，灵活度大，对设计思维的灵活度和平时的积累提出了挑战。

概念延展型题目往往第一眼看过去难度较大，让人瞬间有无处下手的感觉，因为题目中提出的概念比较宽泛，前期需要做出一定的研究和探索，往往花费许多思考的时间，让人头痛不已。但是对于平时积累扎实的人来讲，这类题目却又显得容易上手。比如以"关爱"为例，因为产品的本质就是让生活更美好，任何一件产品都能体现出对特定群体的"关爱"，具有某种功能、某种使用方式。因此设计者可以选择自己最为擅长的某一类产品进行设计，容易发挥出自己的最高水平。

例题 1：以"爱"为主题词，设计一件有特定意义的消费电子产品或家居用品。
（江南大学专业题目）

例题 2：以"传奇"为主题设计一款具有创造性前瞻性的办公用品。
（广州美术学院专业题目）

例题 3：以"行"为主题，设计一款产品。
（华东理工大学专业题目）

例题 4：以"互联网 +"的概念为基础，从空间形态或概念方面出发，设计一款产品。
（华东理工大学专业题目）

例题 5：以"简洁"为主题，设计一款消费类产品。
（广州美术学院专业题目）

（2）专项产品型

这类题目往往明确地给出了要设计的产品类型，重点考查学生在某种具体产品设计上的创新与实践能力。相对于概念延展型题目而言，表面上看似乎减轻了设计者在选择产品设计方向时的工作量，但是实际上相对难度并不低，一旦对给定的产品类型缺乏了解甚至感到陌生，将会给设计造成很大的障碍。这对平时在产品设计中的积累和经验提出了更全面的要求。

例题 1：设计一款应急照明用具。
（北京理工大学专业题目）

例题 2：调味盒设计。
（北京理工大学专业题目）

例题 3：电热取暖器创新设计。
（南京工业大学专业题目）

例题 4：送餐机器人的造型设计。

（湖南大学专业题目）

例题 5：设计一款设计师专用台灯。

（鲁迅美术学院专业题目）

（3）概念延展 + 专项产品型

这类题目结合了概念延展型与专项产品型题目的特点，以某个概念性主题为切入点，要求设计出某类产品，这对综合素质提出了更高的要求。

例题 1：基于相互、共享为未来的系统服务理念，为大学校园设计公共洗衣机房间、洗衣设备等配件。

（江南大学专业题目）

例题 2：以"生动、可爱"为主题，设计一款电动三轮车（前两轮后一轮）。

（湖南大学专业题目）

例题 3：以"有效利用时间"为主题设计一款产品，目的是为需要排队等候（如公交车）的人们提供合理的消遣、放松机会。

（华南理工大学专业题目）

例题 4：以"清水、四季"为主题，在两个主题中 2 选 1，设计一套亲子玩具。

（华南理工大学专业题目）

例题 5："设计主题"和"造型语言"是一切设计的基础，前者涉及思想和观念的表达，后者是设计形式和造型的表达，两者互相关联相得益彰。设计主题为"情感"。设计语言为"师法自然"，借用和模仿自然物（动植物等的功能或形态）。

基本要求：以"情感"为设计主题，自选一个表达情感的主题词，通过"师法自然"的手法设计一款电热水壶（3 个草图方案 1 个效果图，效果图表现手法不限，绘制在 A3 图纸上）。

（湖南大学专业题目）

（4）特定问题（对象）导入型

此类题目针对特定的情景或对象提出问题，考察设计者对社会热点问题的关注度，以及分析和解决问题的能力。

例题 1：以"拯救低头族"为主题，设计一款产品。

（江南大学专业题目）

例题 2：近年来，保健逐渐成为人们生活中一个必不可少的部分，根据这样一个现象设计一款保健产品，针对性要强，注重产品与使用者的联系和互动。

（江南大学专业题目）

例题 3：分析旅游途中遇到的问题，设计一款可以解决该问题的产品。

（华东理工大学专业题目）

例题 4：结合智能和交互为老年人设计一款可穿戴保健产品。

（华南理工大学专业题目）

（5）设计基础考察型

这类着重考察设计基础功底，考察设计者对形体、造型的理解和掌控能力。作图时需要对基本形态进行变形、切割、组合等处理，再添加造型功能的细节。

例题 1：将一个高是直径 1 倍的圆柱体进行设计分割，形成两个实体，要求这两个实体的造型语言表达出以下主题：①丰富的韵律；②复杂的空间；③告诉的运动。

注：以上三个主题，每个主题要求设计两个不同的切割设计方案，共设计 6 个完整的切割设计方案。

（清华大学美术学院专业题目）

例题 2：以正方形体为基础设计一个随身携带的有用产品。

（北京理工大学专业题目）

4. 设计实践

以下训练的题目和数量可根据实际情况选择，每个课题建议 4 课时（180 分钟）。

实践训练 1：以"有用无用"为主题设计一款可持续利用产品，将被浪费的资源重新利用。可结合城市生活 / 贫困山区 / 特殊人群等方向入手。

实践训练 2：设计一款便携式蓝牙音箱。

实践训练 3：观察和收集户外动植物的形态，提取某一类动植物的形态或特征设计一款产品。

实践训练 4：以球体 / 长方体为基础设计一款产品。

设计要求：以上设计要求相同，每个课题设计时间均为 4 课时。

（1）画出三个方案，对每个方案进行简短说明。

（2）在三个方案中选择一个进行深入刻画，做细致效果图。

（3）画出最终方案的爆炸图、三视图（标注尺寸）、色彩方案等。

（4）写出简要的设计说明。

（5）绘制在 4K 纸上，表现手法不限。

03

第 3 章　教学方法拓展及课程资源导航

第3章 教学方法拓展及课程资源导航

3.1 快题设计能力训练及多样化教学方法

对于快题设计这门课程本身而言，对教学方法的探索研究是需要每位致力于提高教学成效的任课教师孜孜以求并不断改进的。良好的教学方法从来不会拘泥于一种，它能够在教与学的两端发挥巨大的作用，多样化的教学方式，不仅能够在教学中快速提高学生的快题设计水平，还能引导和激发学生主动思考和探索的兴趣，提高综合能力。作者在实践教学过程中学习总结出几种行之有效的教学方法，在这里提出以供参考探讨。

3.1.1 "寻找最优解"法

在快题练习过程的中前期充分发挥团体的优势，以团体的力量积极讨论命题，去感受面对的问题，发现问题、认识问题、描述问题；在快题练习过程的中后期，围绕前期确定的问题以小组的形式去描述问题，提出方案、优化方案、解决问题；在快题创作过程中积极探索最优解，是一项不断确立问题、建立方案、否定方案、优化方案的过程，在练习过程中通过排除、否定、优化的过程，去建立最后的设计方案，积极寻找更好的方案，无限接近最优解。"寻找最优解"法的核心思想是：以产品存在的问题为导向，以寻找更优解为核心。

1. 训练方法要点

（1）绘图创意的整个过程是以问题为主轴构建的，且每一个问题都是由设计者通过任何途径去发现去感受得到的，而不是由别人给出的问题，如图3-1所示。

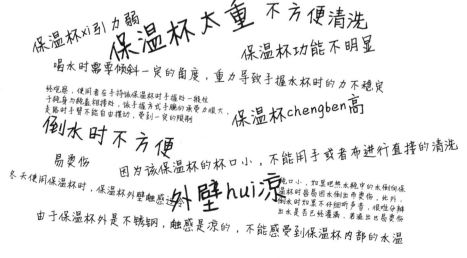

图3-1 建立问题主轴

设计方案的过程其实就是感受问题、发现问题、认识问题、描述问题、解决问题的一个过程，设计者要自己去实地考察、去使用和操作、去与人交谈，从而获得自己能够感受到的问题，然后对问题进行分类整理，找到支撑自己进行创意的意义。后面绘图的过程实际上就是解决问题的过程，始终以问题为主轴，在图纸上通过思维导图、概念草图、效果图、氛围图、场景图等图示，围绕要解决什么问题，怎么更好地解决问题去构建设计项目的具体分工、具体规划和设计的方向。

（2）问题必须是该产品在生产使用时将会真实遇到的，而非设计者臆想的，问题没有单一的解决方案，需运用发散思维建立与问题对应的解决方案，并分组分工合作，不断地否定，不断地优化，最终找到最佳方案。

在绘图的前期创意阶段，绘图者往往会陷入一种"自我抒发"的状态，将自己的主观意志强行加到用户和产品上，这种主观意志往往是单一的方案，且是绘图者臆想的，在产品的实际使用过程中可能不会遇到或者没有太大意义。

（3）在整个创意过程中以小组合作或者小组合作与独立思考相结合，用最直接最简单的方式去提出解决问题的方案，在交流中发展讲述能力和思考能力。如图 3-2 所示，团队合作使用思维导图进行交流探讨。

创意阶段要尽可能地采用小组讨论的方法，并时刻不忘提出方案的初衷是为了解决问题，要用最直接、最有效的方案去解决问题。大量地与别人互相交流自己的想法和方案，尽可能广地打开自己的思路，在与人交流的过程中去不断地完善自己的想法和版面设计，同时在交流中提高自己的团队协作能力和交流能力。

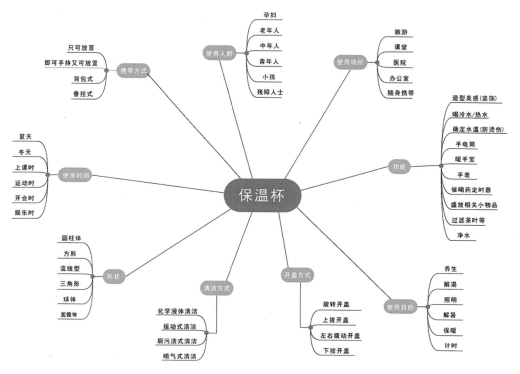

图 3-2 团队协作完成思维导图

（4）以更好的创意为核心，树立用更优方案解决问题的信心和责任，针对关键问题寻找设计重心和要点，不断地发掘新的创意。如图3-3、图3-4所示，不断地否定排除，最终得到最优方案。

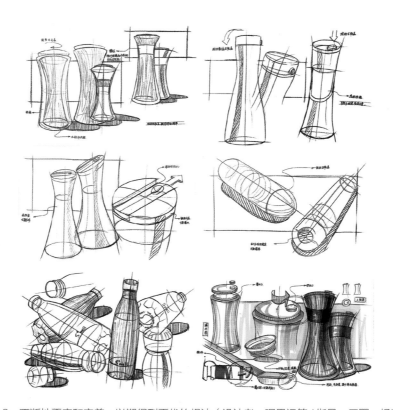

图3-3 不断地否定和完善，以期得到更优的想法（设计者：琚思远等/指导：王军、杨存园）

图3-4 确认最优方案（设计者：琚思远等/指导：王军、杨存园）

　　创意和设计解决方案从来不是一蹴而就的，应该学会不断地否定先前的创意和解决方案，不断地完善先前的思路和版式设计，在设计方案的行程中没有固定的、唯一的方案，只有不断地更进一步，去寻找更好的方案才是接近完美的唯一路径。而往往很多设计者在创意的过程中不能继续坚持自我否定和不断尝试的信心，最终没有找到最优的解决方案，所以在解决问题的过程中要树立找到最优解的信心和责任。

　　（5）在确认解决方案和小组合作结束时进行自我评价和小组评价，如图3-5所示。

　　在完成方案后或者小组讨论结束后进行自我方案的评价和小组方案的评价，总结在创意方案中的不足和优势，总结自己在小组讨论中的作用和不足。

图 3-5　方案评价

　　（6）按小组分工进行最终的创意汇报，重点汇报如何发现问题，如何以问题为主要轴线去延伸出不同的解决方案，如何快速准确地解决问题等，并详细介绍自己的设计方案，然后由老师组织学生进行新方案的深入设计。

2. 训练方法要点

　　（1）教师扮演辅导者的角色，在整个创意的不同阶段帮助学生

　　教师在整个创意过程中，应该扮演辅导者的角色而不是主导者，不要代替学生确定创意方向，更不能替代学生完成创意方案。教师应该在整个快题过程中的不同阶段去引导和帮助学生完成他们自己的创意方案和版式设计。

　　（2）在最初的思维发散中，引导学生辨认问题的重心

　　在快题的思维发散过程中教师应该引导学生关注问题的核心和关键，快题设计不同于常规设计过程，要快速反应，快速发现前期的设计重心，避免过度冗赘的发散前期方案。

（3）学生小组制定方案和工作分配时给予反馈

在学生快题小组制定完成设计方案以后，教师应该及时核准给予意见，这种及时的反馈过程可以让学生及时反观自己的整个创意制作过程，并且及时发现创意结果的不足和优点。

（4）指导学生运用正确的方法进行调研和方案制作

教师要及时了解学生在方案讨论时选用的调研方法和制作方法，及时在创意过程中纠错，在完成快题的同时也及时帮助学生学习正确的设计调研方法和创意方法。

（5）以耐性的态度跟随学生的讨论

教师在帮助学生进行创意方案的过程中要有相当的耐心，跟随学生小组的创意方案，不要刻意打断学生小组的创意过程。

【练习】大家试着一起拿起相机去拍摄生活中遇到的问题，并选择几个问题为主轴，围绕问题展开你的快题练习吧！

3.1.2 "黄金48小时"法

"黄金48小时"法，适合由不同年级不同基础的同学共同进行的设计训练营或者工作室快题设计项目，能够在相对集中而高强度的练习中去提高不同层次学生的设计技能和管理技能，并且在集中地学习中增进学生之间的友谊和情谊。

"黄金48小时"法以分组合作的形式进行，将高低年级的学生混合打乱，以5~6人为一组进行分组，每组包含高年级的学生和中低年级的学生，充分发挥不同年级学生的不同技能。高年级的学生主要负责分配任务、指导创作、反馈结果，在整个的项目进行中把控项目的进度并且负责和老师沟通反馈；中年级的学生主要承担相关的软件操作工作和对低年级学生的指导工作，比如思维导图的绘制、头脑风暴的组织、平面效果图的绘制、模型的建立等；低年级的学生的主要任务是学习，负责完成前期的调研、绘图、参与创意风暴等环节，在整个项目过程中不断地参与并获得认可，同时通过不断地向学长学姐请教来学习新知识新技能，不断提高自己，在多方的共同合作过程中完成设计项目的创作过程，同时在同学之间建立了牢固的、持久的互相学习的风气和坚固的友谊。

"黄金48小时"法的核心思想是：以团队协作为形式，以快速解决问题为核心。

1. 训练方法要点

（1）学生分组完成快题创意过程，每组要同时包含不同年级的学生

学生通过小组（5~6人为一组）的方式，组员要包含高年级、中年级、低年级的学生，由高年级学长带领，采取正式设计项目的工作模式和工作流程进行快题创作：题目分析——建立项目计划——设计调研——整理资料——头脑风暴——前期创意构思（大家一起完成，高年级带领）——资料整理——老师评审——高年级学生分配任务给低年级学生——建立工作时间和反馈制度——跟进相关工作——资料整理——老师评审——按照任务分配进行快题创作和设计创作——反馈——汇报。

（2）每组学生年级不同任务不同，要及时沟通

高年级学生在组内扮演领导者的角色，主要负责分配任务给低年级学生和把控快题绘制进度。在分配任务时应该考虑不同年级学生的能力范围，合理分配任务，同时注意帮助低年级的学生学习快题设计的不同技能；中年级的学生要承担起做的责任，相当一部分的任务是由中年级学生为主要责任人来完成的，并且在完成的过程中要负责和低年级的学生进行沟通和辅导；低年级的学生要虚心学习，积极承担一部分自己可以完成的工作，并且不断地学习自己还不懂的工作（图3-6）。

一、市场调研
1、产品定位调研{刀具设计风格定位；市场竞争产品风格调研}
确立新产品的目标用户以及未来的发展方向，调研同类竞争品牌的市场状况。
2、同类产品设计调研分析{产品设计调研；市场竞争调研}
对不同品牌之间所有产品的价格、包装形式、产品种类进行分析，确定新产品的设计定位。
3、产品价格区间与营销形式细分
通过不同种类产品与其市场价格区间的关系，从而使产品设计的层次与价格区间的关系更为直观。
4、提取产品设计的文化符号
通过前期品牌定位的调研，确定符合新产品性格的文化符号，并简单化、概念化。
5、目标用户心理与行为分析
从产品的外观设计对消费者心理的影响入手，分析颜色、风格、结构等设计因素对产品销售市场的导向。
6、市场调研总结
对上述调查分析结果进行总结，与市场现状结合，为前期设计提供较为完整和正确的参考。
二、前期设计概念整合
1、形成新产品的设计语意、产品造型语言和文化符号{产品造型、标准文字、色彩和图形的规范}
在整体风格上与品牌定位和企业相统一；
优化产品视觉语意的使用，规范视觉文字和色彩运用；
结合前期市场调研结果，确定合适的视觉图形，并与新产品风格定位相融合。
2、产品开发{产品外观；使用功能；包装形式}
产品外观：优化文化符号，使其更加考究，在产品开发过程中确定其在产品外观中的应用形式。
使用功能：产品使用功能创新设计，设计指向明确，易用程度高，符合产品目标客户需求，提高生产及销售效率；
包装形式：提高产品携带的美观性和舒适度，注：本刀具应该能满足户外及旅行使用的包装需求。
散装包装：从包装角度使得散装包装更符合零售形式的实用性和美观性。
3、材料分析{加工工艺及成本控制}
材料特点和加工工艺：从材料特点着手选择合适的造型语言，获得较为理想的表现效果，产品风格更加统一。
产品加工的成本控制：分析材料价格和实际利用方式，在材料的成本和质感之间寻求平衡点。
4、样品实验{易用性实验；包装使用实验；}
制作样品并在学校和商业街进行用户体验式的试验，来测试设计的可用性和适用性以及用户对产品外观的接受程度。
三、方案创意设计过程
1、创意概念草图绘制及文案写作
根据前期创意概念及产品开发计划，绘制产品设计创意草图，确定产品包装方案的具体形态和结构。
2、产品设计及草图绘制
根据创意概念草图，交流跟进，初步确定产品设计方案，并绘制产品包装方案草图。
3、交流讨论项目方案跟进
就初步讨论确定的产品设计方案与其它产品方案对比，进一步沟通，改进。
4、方案精效果图绘制
进行产品设计方案终稿的绘制。
5、计算机辅助平面效果图
用平面绘图软件对终稿进行产品设计及图案平面图的绘制、排版。
6、计算机辅助3D产品模型
在计算机中建立产品的3D模型，并选择需要角度进行效果图和三视图的渲染。
7、产品及展示效果图
产品包装方案最终的效果展示图，将平面设计与3D模型相结合，模拟设计的实物效果。

图3-6 高年级同学根据本组人员组成制定项目计划书

（3）当创意过程中遇到问题时，应该优先由高年级学生带领低年级学生进行讨论解决，高年级学生注意发挥不同年级学生的能力，发挥不同组员的能动性，团结起来解决问题。如果问题实在无法解决，由高年级的学生整理问题资料向指导老师汇报，指导老师帮助不同年级的同学解决问题后项目继续进行。

（4）在小组创意过程中，低年级的学生往往会遇到一些新的知识和技能，无法完成学长交代的任务，这个时候低年级的学生应该注意积极学习新知识、练习新技能，让快题创作的过程变成自己学习的过程。

（5）高年级的学生应该积极的锻炼自己的领导能力和把控能力，应该在快题创作的过程中积极承担分配、指导、反馈等领导环节，遇到无法解决的问题积极组织学生进行集体讨论解决。

（6）在整个的项目进程中，不同年级的学生要相互理解、相互帮助、相互扶持，在共同解决问题完成创意的过程中，积极地建立良好的合作氛围和反馈机制，同时建立坚固的友谊。

2. 教学方法要点

（1）教师在快题创作的过程中，积极监督反馈

在整个快题创作过程中，教师的作用主要是监督和反馈，监督高低年级间的配合和执行过程，反馈快题执行过程中遇到的不同问题。

（2）教师在快题创作的过程中，维持小组之间的秩序

小组的创意过程是由高年级学生领导低年级学生进行快题创作、知识学习的一个综合过程，在团队协作的过程中难免会出现一些矛盾和误解，这个时候教师应该积极地协调学生之间的关系，明确小组创意的核心和目标。

（3）教师在快题创作的不同阶段中，积极辅导低年级的学生

在整个快题创意的过程中，教师应该积极帮助低年级的学生去完成新知识和新技能的学习，帮助低年级的学生在快题创意的过程中去完成新的提高。

（4）教师在快题创作的不同阶段中，把控创意的进程

在快题设计的过程中，由于学生分组讨论和执行，很可能会顾及不到总体时间的进程，教师在这个时候应该积极把控不同阶段的用时，避免在某一个阶段耽误太多的时间而导致无法按时完成整个快题创意的过程。

3.1.3 元素导入法

在快题创作的过程中，有时需要"快且准"地拿出设计方案和绘制方向。通过对用户情感、产品造型、产品功能等不同元素的细致分析，整合出可以快速使用的产品元素，并快速导入到快题创作中是对设计师的一种要求。元素导入法正是为了训练设计师的这种能力，在进行快速创作的过程中，要有大量的材质绘制方法的积累和训练，要有大量的造型设计积累和训练。元素导入法的核心是：以整合不同产品元素为核心，以快速创意为目的。

1. 训练方法要点

要充分掌握不同产品元素之间的关系，了解不同元素的导入方法。产品元素包含产品的造型、情感、技术、材质等，绘图者应该充分了解不同产品元素的搭配和绘制方法，并了解如何快速导入不同的产品元素。

（1）情感导入法

情感导入法要求设计者要充分了解用户的内心需求，在快题绘制过程中充分照顾用户的内心感受，通过细腻的产品细节去拨动用户内心的心弦，让使用者感动，这里对用户的把握不仅仅是表面的调研，而是通过不断地和用户交流，观察产品的使用过程，实地考察而得来的真实且必要的需求。

（2）造型导入法

不同产品的造型各有特点，同时也有很多相同的地方，特别是产品细节方面，设计者应该善于发现这些特点，在快题绘制过程中善于使用这种共同点，将其快速导入到产品造型中去，并快速完成快题设计。

（3）材质导入法

不同的材质搭配会产生不同的匹配和冲突，设计者要了解不同材质的绘制方法，在产品造型完成以后直接导入产品材质，快速完成快题设计中产品的材质方案。

（4）功能导入法

产品的功能导入主要在相同类型或者相似类型的产品中使用，良好的功能在不同的产品中往往能体现出意想不到的产品效果，功能导入完成后再根据功能进行造型结构设计绘制。

（5）科技导入法

在数码产品等有一定科技含量的产品中，往往科技的更新会带来更好的产品更迭，在数码产品的设计中往往可以有选择地进行科技的导入，会对绘制的产品方案带来意想不到的结果。

2. 教学方法要点

（1）教师在快题创意过程中，要把控导入法的使用范围

导入法在快题创意过程中应该根据题目和不同的情景进行不同的改变，教师在学生使用导入法的过程中应该积极把控学生的使用过程，对于不合适或者过于激进的导入过程要及时纠正。

（2）教师要把控不同材质与不同风格之间的搭配

不同的材质风格搭配起来会有不同的匹配和冲突，教师要在学生绘制的过程中把控材质导入过程中的风格和材质搭配，避免过度的匹配和过度的冲突。

3.2 快题优秀版面简析及欣赏

3.2.1 部分优秀版面简析

1. 节食转机——有机食物回收系统

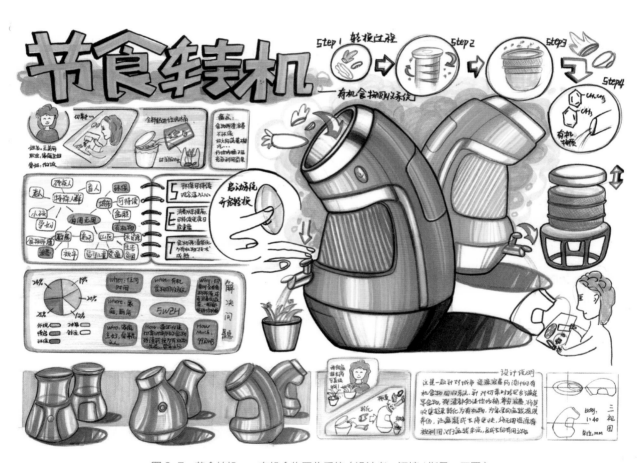

图 3-7 节食转机——有机食物回收系统（设计者：汪婷 / 指导：王军）

　　该作品结合城市厨房垃圾回收处理的痛点，将厨房垃圾转变为有机肥料用来养花，创新度高，有一定的社会意义。这件作品是在 A2 的图纸上绘制的，各个版面模块完备，版面内容排布条理清晰，信息传达流畅，图文重点突出，层次分明，色彩醒目协调，产品效果图形体透视比例准确、造型新颖、视觉冲击力强，是一幅优秀的快题设计作品（图 3-7）。

2. shopping ELF

图 3-8　shopping ELF（设计者：李晓惠 / 指导：郑旗理）

　　该作品是为关爱购物狂而设计的，通过 App 实时监控购买行为和数据给予语音警示，并通过减压器来缓解购物狂烦躁的心情，通过这种方式减少购物狂因反复购买所造成的浪费，立意新颖，创新性强。该作品在 A2 图纸上绘制，版面模块构成相对完整，画面清晰，版面色彩以蓝色和橙色为主色调，搭配协调。主效果图冲击力强，使用方式和场景展示清晰，一目了然。不足之处是缺少中文副标题，给人第一感觉比较茫然，且缺少产品三视图（图 3-8）。

3. 焕然衣新——旧衣物换取宠物玩具设计

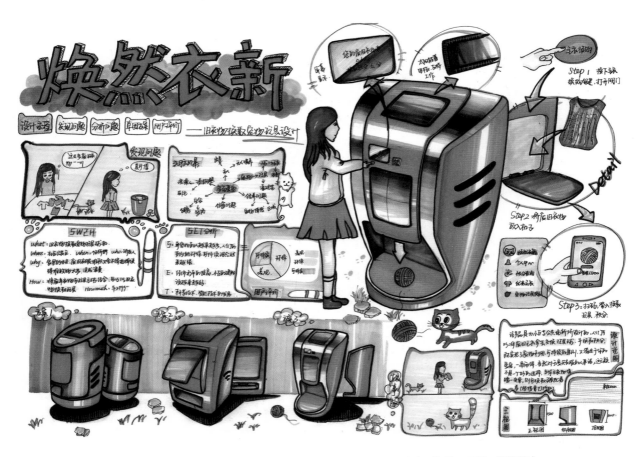

图 3-9　焕然衣新——旧衣物换取宠物玩具设计（设计者：李晓惠 / 指导：王军、郑旗理）

　　该作品体现了废物利用的原则，将家中废旧衣物通过该产品换取宠物玩具和积分，达到废物利用的目的，有一定的创新性。快题设计版面最大的亮点是将使用情境图和产品效果图合二为一的方法，使产品功能形态一目了然；色彩搭配上使用红色为主色，蓝绿色辅助，黄色点缀，醒目且协调；整体画面丰富，阅读性好（图 3-9）。

4. MamyPoko——胎儿检测仪 + 婴儿检测仪设计

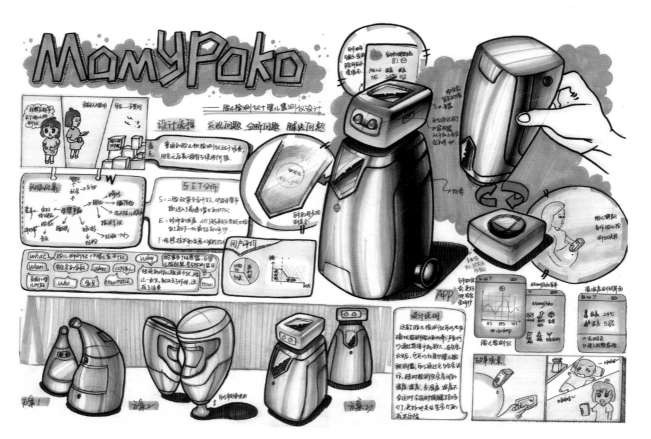

图 3-10　MamyPoko——胎儿检测仪 + 婴儿检测仪设计（设计者：李晓惠 / 指导：郑旗理、王军）

　　该作品关注二胎这一热点话题，用以帮助母亲在怀孕时和婴儿出生后对小孩的检测，通过手机端为妈妈们提供相关数据以便更好地护理婴儿。作品版式内容基本完备，画面清晰，主辅效果图重点突出，并通过产品使用场景明晰地表达了产品的使用方式，色彩搭配协调；不足之处是该产品应该属于手握持操作的产品，设计造型似乎不太方便手部握持，需要在人机工程学方面对造型加以修改（图3-10）。

（李正演 作品）

5. 企鹅奶瓶

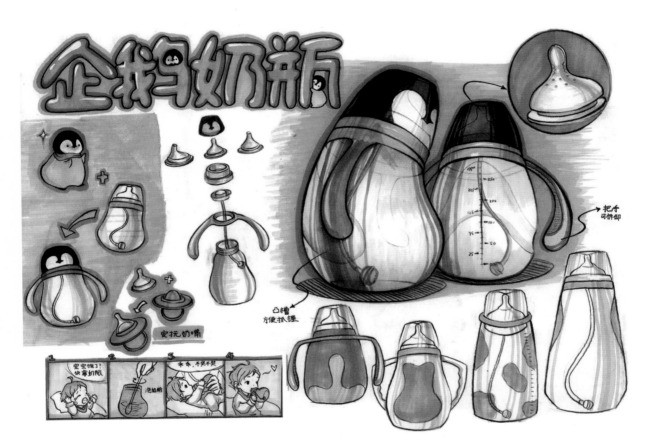

图3-11 企鹅奶瓶（设计者：陈旭 / 指导：杨存园）

该作品仿生企鹅的造型设计了奶瓶，形态饱满、憨态可掬。由于是在 A3 图纸上绘制，版面较小，且重在造型设计，因此略去了课题分析这一模块。版面视觉重点突出，故事板、产品效果图、功能细节图和爆炸图均绘制的比较细致。版面色彩以橙色和蓝色为主，标题设计可爱，色彩和产品色彩相呼应，版面整体性强（图3-11）。

6. 认识世界——智能拍摄语音播报眼镜

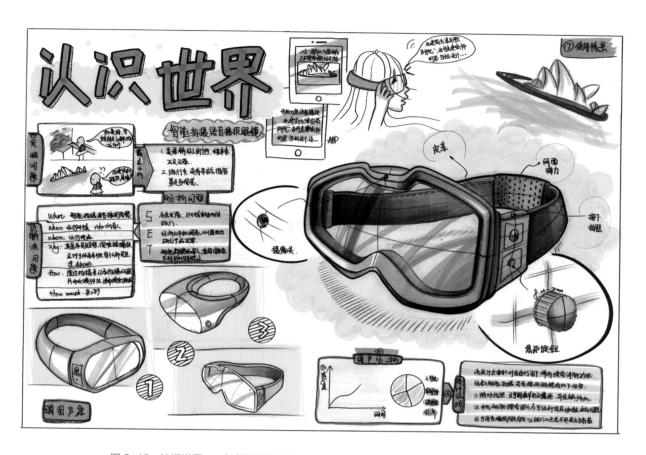

图 3-12　认识世界——智能拍摄语音播报眼镜（设计者：张启洪 / 指导：王军、郑旗理）

　　该作品集实时拍照、智能识图以及智能导游功能为一体，方便人们旅游出行，创意新颖，符合当前科技发展的趋势和人们的实际需求。版面方面缺少三视图，其他模块相对完整，版面清新，色彩搭配也比较明快。优点是主效果图绘制的比较细致，形体透视和比例准确，皮革材质和透明玻璃材质表达较好，缺点是使用场景图、功能细节图等画得有些潦草，影响了整体的效果（图 3-12）。

7. 水上护身符——水上自救装置设计

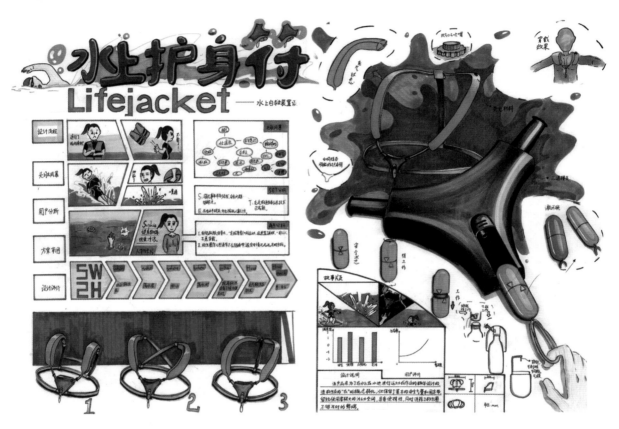

图 3-13　水上护身符——水上自救装置设计（设计者：张军伟、裘嘉诚 / 指导：王军、傅桂涛）

　　该作品解决传统救生衣体积大不易携带的问题，体积小巧，犹如挂在胸前的护身符，让人易于接受使用。作品采用快速充气的原理，落水时使用微型气瓶为救生衣快速充气达到救人的目的。该作品创意有一定的实践价值，造型设计美观，版面设计各元素齐备，产品情景使用图和功能细节图到位，不足之处是整体版面配色稍显沉闷，视觉冲击力不强（图 3-13）。

8. SA-GUARD——潜水跟随仪

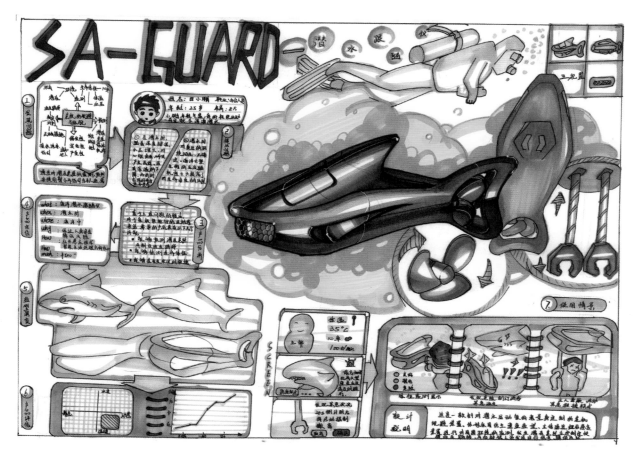

图 3-14　SA-GUARD——潜水跟随仪（设计者：徐夏燕 / 指导：郑旗理、戚玥尔）

　　该作品是为潜水爱好者设计的危机规避装置，外观仿生鲨鱼造型。通过红外感应对周围环境进行监测，能提示危险信息并提供逃生路线。造型设计流畅，富有动感，版面色彩采用紫色和橙色两种对比色搭配，醒目且视觉重点突出。不足之处是版面右下角的图文有些歪斜，应该是版面规划时不够细心所导致（图 3-14）。

3.2.2 其他优秀版面欣赏（图 3-15~图 3-26）

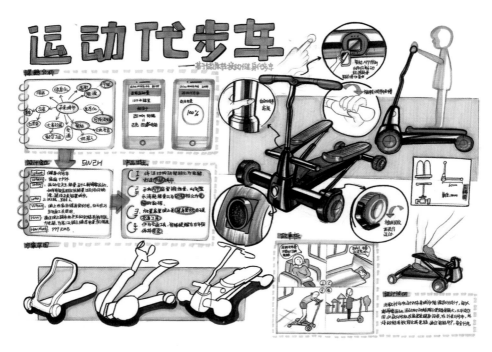

图 3-15 运动代步车——基于能源转换的健身代步车（设计者：汪婷 / 指导：王军）

图 3-16 红外感应单双人公共座椅（设计者：张启洪 / 指导：王军、郑旗理）

图 3-17 以旧换新
（设计者：陈晓燕 / 指导：郑旗理、戚玥尔）

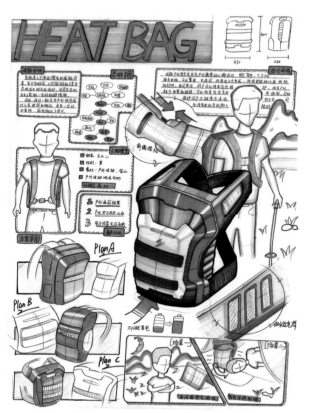

图 3-18 HEAT BAG 户外多功能双肩包设计
（设计者：陈晓燕 / 指导：王军、郑旗理）

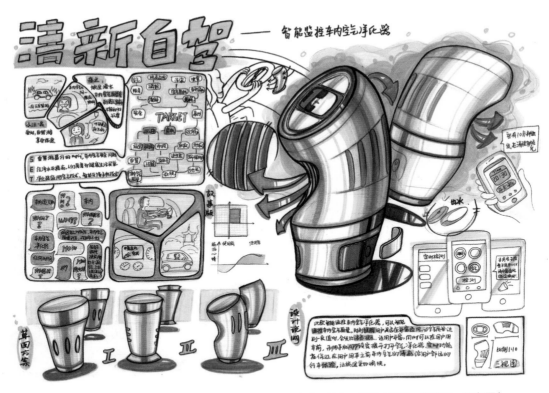

图 3-19　清新自驾——智能监控车内空气净化器设计（设计者：汪婷 / 指导：郑旗理、杨存园）

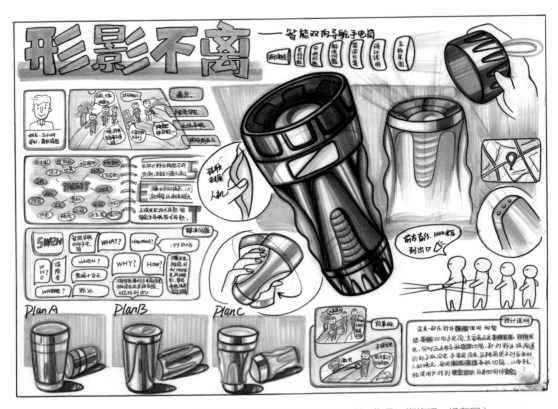

图 3-20　形影不离——智能双向导航手电筒（设计者：汪婷 / 指导：郑旗理、杨存园）

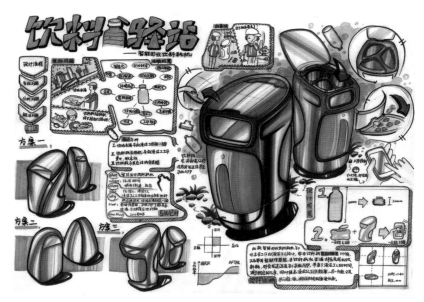

图 3-21 饮料驿站（设计者：汪婷 / 指导：王军、郑旗理）

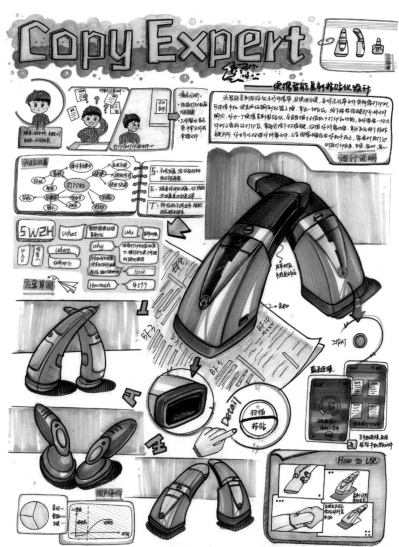

图 3-22 Copy Expert 便携智能复制粘贴仪设计（设计者：李晓惠 / 指导：郑旗理、王军）

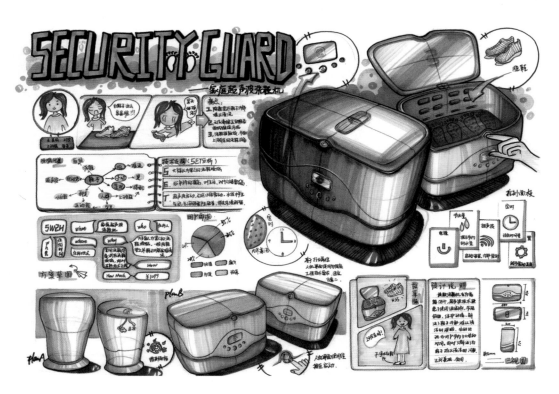

图 3-23　家庭超声波洗鞋机（设计者：李源枫、汪婷 / 指导：王军、陈思宇）

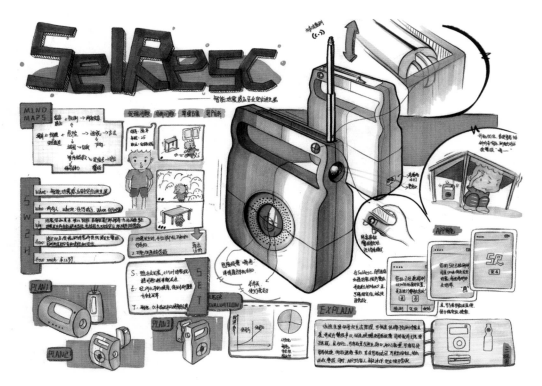

图 3-24　Selresc——智能地震感应安全定位逃生器（设计者：张启洪 / 指导：郑旗理）

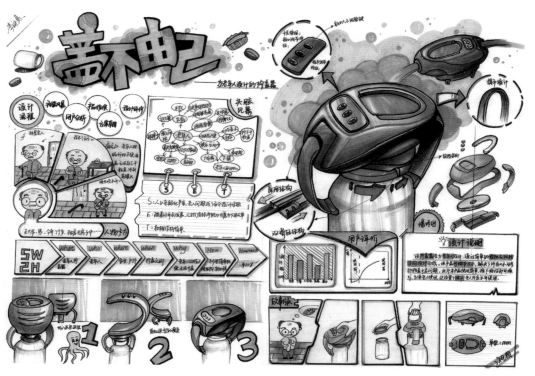

图3-25 盖不由己——为老年人设计的拧盖器（设计者：李晓惠 / 指导：王军、郑旗理）

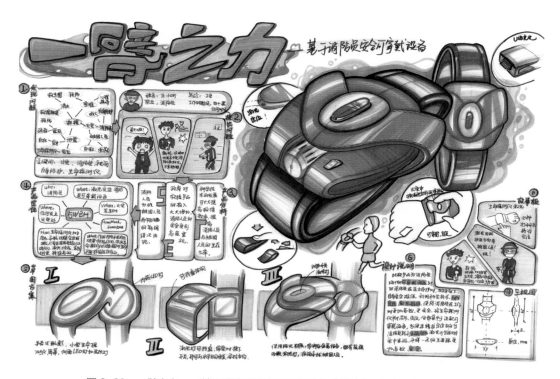

图3-26 一臂之力——基于消防员安全可穿戴设备（设计者：汪婷 / 指导：王军）

3.3　快题设计资源导航

3.3.1　优秀工业设计网站介绍

（1）YANKO DESIGN

网站网址：http://www.yankodesign.com/

网站介绍：Yanko Design 创于 2002 年，是北美、澳洲、日本、印度最具人气的工业设计发布站点。Yanko Design 主要发布最棒的现代工业设计作品、手绘作品、比赛发布等，许多超前卫的产品还有设计思路几乎在 Yanko Design 都可以找到原型。

YANKO DESIGN 采用瀑布流式的呈现方式，方便浏览，包括产品、策略、制造、创意等不同的内容分区，适合寻找、积累在快题创意阶段常用的产品解决方案、创意，并且成熟的产品设计案例能够加强用户对于产品的结构方案、市场方案的不足。

（2）PINTEREST

网站网址：http://www.pinterest.com/

网站介绍：Pinterest 堪称设计网站中的集大成者，几乎所有设计作品或者手绘方案都可以找到原型，网站采用的是瀑布流的形式展现图片内容，无需用户翻页，新的图片不断自动加载在页面底端，让用户不断地发现新的图片，截至 2013 年 9 月，该网站已进入全球最热门设计网站前十名。

Pinterest 可以说是设计网站里面的集大成者，无论是产品设计、视觉传达设计、建筑设计、动漫设计还是创意手绘等都能在这个网站上找到大量的高质量的图片和案例，是设计从业者或者学生寻找创意方案、手绘临摹、各种材料及纹理应用不可多得的好网站，应用好 pinterest 可以说几乎可以找到所有你想找到的案例和创意方向。

（3）BEHANCE 在线作品集

网站网址：http://www.behance.com/

网站介绍：Behance 是展示和发现创意作品的领先在线平台，同时也是 Adobe 系列网站的一部分。Behance 的管理团队每天都会从各种领域中的顶级组合探索出新作品。这些领域包括设计、时尚、插图、工业设计、建筑、摄影、美术、广告、排版、动画、声效以及更

多。领先的创意公司可以通过 Behance 发现人才，数百万的访客也可以使用 Behance 跟踪最新和最杰出的创意人才。

同样作为瀑布流式的呈现方式，方便查找相关图片和资料，behance 最大的特点是能够提供相对其他网站质量更加上乘、更加全面的产品解决方案，让用户如同拿着产品在手中一样，能够近距离地体验到一种设计方案的方方面面，包括草图方案、设计流程、产品建模、产品模型手板、产品的推广方式等。

（4）设计在线

网站网址：http://www.dolcn.com/

网站介绍：设计在线始创于 1997 年，2000 年 8 月 1 日正式启用国际域名，2005 年 7 月正式启动中文域名：设计在线.CN。多年来，设计在线持之以恒地致力于推动中国设计产业之发展，现在已发展成为国内影响最大的设计专业网站群：中国工业设计在线、中国平面设计在线、中国环境设计在线、中国数码设计在线。设计在线网站现为教育部高等学校工业设计专业教学指导分委员会唯一指定网站。

设计在线网站是一个分类设计信息网站，包括设计大赛申报信息、获奖查询、设计前沿资讯、设计会议信息、设计图库、设计招聘等，是一个查询设计相关信息不可多得的网站。

（5）BILLWANG 工业设计

网站网址：http://www.billwang.net/

网站介绍：Billwang 工业设计网是以工业设计为核心的创意设计行业互联网传播平台。网站目前拥有设计师会员 35 万余人，设计及产品制造类企业会员千余家。会员涵盖了大陆、台湾及国外相关院校的学生、教师、知名企业管理人员和工业设计从业人员。Billwang 工业设计网成立于 2000 年 9 月。经过近 11 年的发展，已经从最初的"设计论坛"发展成为国内设计行业用户在线最高的互动网络媒体之一。网站已建成资讯、博闻、招聘、作品四个专业频道，为设计师、设计企业及产品制造业提供专业化的信息传播、技术交流、资源分享及人才招聘等服务。

BillWang 和设计在线的排布有些相似，但是在呈现的内容上更多的是呈现一些优秀的设计产品作品集，包括设计软件的使用、交流，设计手绘的作品集等。

（6）视觉中国

网站网址：http://shijue.me/

网站介绍：视觉中国集团（Visual China Group）创立于 2000 年 6 月，是中国领先的视觉影像产品和服务提供商。视觉中国集团是以"视觉创造价值，视觉服务中国"为愿景的 A 股唯一互联网文化创意上市公司（股票简称：视觉中国）。

视觉中国集团以"视觉内容与服务"、"视觉社区"和"视觉数字娱乐"三大业务板块为核心，拥有中国最大的视觉内容互联网版权交易平台，同时为国内的主题公园、城市综合体提供领先的数字娱乐整体解决方案。集团拥有近万名签约摄影师和艺术家，并同海内外数百家图片社、影视机构、版权机构广泛合作，为媒体、企业主、广告公司等各类客户提供专业的图片、影视、音乐、特约拍摄、创意众包、视觉化营销等一站式服务。

（7）ARTING 365

网站网址：http://arting365.com/

网站介绍：Arting365（中国艺术设计联盟网）成立于2001年，位于上海浦东张江高科技园区，专注于数字艺术领域，以推广、传播新锐数字创意和视觉艺术理念为特色，是一个服务于中国乃至全球设计领域

的创意门户网站，致力于为中国及全球的设计者、设计院校与设计企业提供高质量、多元化的信息交流咨询及专业的行业应用解决方案。

（8）设计之家

网站网址：http://www.sj33.cn/

网站介绍：设计之家成立于2006年，是自发组织的视觉设计、联盟的网络媒体，是一个为设计行业提供高质量的网络交流平台和网络资源共享平台的组织机构，义务服务于中国设计领域的网站。内容涵盖平面设计、工业设计、网页设计、CG、设计教程、环境艺术设计、艺术、素材等。

设计之家自建站以来，一直致力于传播先进设计理念，推动原创设计发展，希望做成国内优秀的创意设计站。在不断的成长过程中，也得到各大知名网站的收录，包括Google、百度、hao123、360等。

（9）纳金网

网站网址：http://www.narkii.com/

网站介绍：纳金网位于海峡西岸经济区福建省泉州市，其运营商福建芙莱茵信息技术有限公司于2004年创办。公司致力于为企业提供信息化建设和电子商务解决方案以及设计解决方案，专业从事嵌入式技术与三维虚拟。公司已

取得二十多项拥有自主知识产权的专利认证，被授予省级"软件企业"和"技术创新引导工程创新型试点企业"荣誉，且多次获得发改委和教育部提名。

（10）中国工业设计协会网站

网站网址：http://www.chinadesign.cn/

网站介绍：中国工业设计协会（以下简称协会）是1979年经国务院批准，在国家民政部注册的社团法人，属国家一级协会，是中国工业设计领域唯一的国家级行业组织。协会英文译名为China Industrial Design Association，缩写为CIDA。协会接受业务主管单位中国科学技术协会和社团登记机关国家民政部的业务指导和监督管理，办事机构挂靠在中国轻工业联合会，根据国家部委职责划分，工业和信息化部主管工业设计，因而协会协助工信部履行工业设计行业管理职责。

3.3.2 其他优秀工业设计网站推荐（☆越多推荐指数越高）

☆ ☆ ☆ ☆ Frog design — www.frogdesign.com

☆ ☆ ☆ ☆ IDEO — www.cn.ideo.com

☆ ☆ ☆ ☆ PDD — www.pddinnovation.com

☆ ☆ ☆ ☆ Ziba — www.ziba.com

☆ ☆ ☆ ☆ Cooper — www.cooper.com

☆ ☆ ☆ ☆ Kinneir Dufort — www.kinneirdufort.com

☆ ☆ ☆ ☆ Art. Lebedev Studio — www.artlebedev.com

☆ ☆ ☆ ☆ ipdd — www.kinneirdufort.com

☆ ☆ ☆ ☆ NOSE design experience — www.nose.ch

☆ ☆ ☆ ☆ EDAG GmbH — www.edag.de

☆ ☆ ☆ ☆ büro+staubach — www.buero-staubach.de

☆ ☆ ☆ ☆ Flink GmbH — www.flinkgmbh.com/en

☆ ☆ ☆ ☆ ECCO ID — www.eccoid.com

☆ ☆ ☆ ☆ PULS PRODUKTDESIGN — www.puls-design.de

☆ ☆ ☆ ☆ Antonio Citterio Patricia Viel — www.citterio-viel.com

☆ ☆ ☆ ☆ Teams Design GmbH — www.teamsdesign.com/en

☆ ☆ ☆ ☆ Lunar design — www.wearefluid.com

☆ ☆ ☆ ☆ Whipsaw — www.whipsaw.com

☆ ☆ ☆ ☆ Carbon Design Group — www.carbondesign.com

☆ ☆ ☆ ☆ D+I — www.design-industry.com.au

☆ ☆ ☆ ☆ design3 — www.design3.de

☆ ☆ ☆ ☆ Designaffairs — www.designaffairs.com

☆ ☆ ☆ ☆ Smart Design — www.smartdesignworldwide.com

☆ ☆ ☆ ☆ at-design — www.atdesign.de

☆ ☆ ☆ ☆ CincoDesign — www.cincodesign.com

☆ ☆ ☆ ☆ Tools Design — ww.toolsdesign.com

☆ ☆ ☆ ☆ Teague — www.teague.com

☆ ☆ ☆ ☆ VanBerlo — www.vanberlo.nl

☆ ☆ ☆ ☆ Antenna design — www.antennadesign.com

☆ ☆ ☆ ☆ Seymourpowell — www.seymourpowell.com

☆ ☆ ☆ ☆ Phoenix Design — www.phoenixdesign.com

第3章 教学方法拓展及课程资源导航 133

☆ ☆ ☆ ☆ Industrial Facility	www.industrialfacility.co.uk
☆ ☆ ☆ ☆ Fuseproject	www.fuseproject.com
☆ ☆ ☆ neunzig design	www.neunzig-grad.com
☆ ☆ ☆ Astro Studios	www.astrostudios.com
☆ ☆ ☆ momentum	www.momentum.ch
☆ ☆ ☆ Dialogform GmbH	www.dialogform.de
☆ ☆ ☆ Corpus-C	www.corpus-c.de
☆ ☆ ☆ IDC	www.idc.uk.com
☆ ☆ ☆ Scala Design	www.scala-design.de
☆ ☆ ☆ Helddesign	www.helddesign.de
☆ ☆ ☆ N+P Industrial Design GmbH	www.np-id.com
☆ ☆ ☆ Weinberg & Ruf	www.weinberg-ruf.de
☆ ☆ ☆ ARTEFAKT	www.artefakt.de
☆ ☆ ☆ Red-agentur	www.red-agentur.de
☆ ☆ ☆ Cambridge Design Partnership	www.cambridge-design.com
☆ ☆ ☆ Meyer-Hayoz Design	www.meyer-hayoz.com/cn/
☆ ☆ ☆ TRUMPF Medizintechnik	www.trumpfmedical.com
☆ ☆ ☆ Bresslergroup Industrial Design	www.bresslergroup.com
☆ ☆ ☆ stotz design	www.stotz-design.com
☆ ☆ ☆ TRICON Design AG	www.tricon-design.de
☆ ☆ ☆ factor design	www.factor.partners
☆ ☆ ☆ schmiddem design: home	www.schmiddem.com/en
☆ ☆ ☆ Realdesign Leipzig GmbH	www.realdesign.de
☆ ☆ ☆ Lighthaus	www.lighthaus.se
☆ ☆ ☆ Blue Sky Design Group	www.blueskydesigngroup.com.au
☆ ☆ ☆ ED-DESIGN	www.ed-design.fi
☆ ☆ ☆ Valentinitsch Design	www.valentinitschdesign.com
☆ ☆ ☆ PEGA D&E	www.pegadesign.com
☆ ☆ ☆ ASUSDESIGN	www.asusdesign.com
☆ ☆ ☆ SAKAI DESIGN ASSOCIATE	www.sakaidesign.com
☆ ☆ ☆ Designship	www.designship.de
☆ ☆ ☆ WHITE ID EN	www.white-id.com
☆ ☆ ☆ wilddesign	www.wilddesign.de
☆ ☆ ☆ Porsche Design	www.porsche-design.com

☆ ☆ ☆ Patzak Design   www.patzak-design.com

☆ ☆ misikdesign   www.misikdesign.com

☆ ☆ ARK Design   www.arkdesign.cn

☆ ☆ WOOFER DESIGN   www.wooferdesign.com

☆ ☆ designk2l   www.designk2l.com

☆ ☆ idasdesign   www.idasdesign.com

☆ ☆ raake design   www.raackedesign.de

☆ ☆ Sebastian Bergne   www.sebastianbergne.com

☆ ☆ Delineodesign   www.delineodesign.it

☆ ☆ Kaleidoscope   www.kascope.com

☆ ☆ target-design   www.target-design.com

☆ ☆ Spirit Design   www.spiritdesign.com

☆ ☆ mono – made in Germany   www.mono.de

☆ ☆ dadam Design Associates   www.dadam.com

☆ ☆ IMAGO DESIGN   www.imago-design.de

☆ ☆ PearsonLloyd Design Ltd.   www.pearsonlloyd.com

☆ ☆ DesignworksUSA   www.designworksusa.com

☆ ☆ KISKA   www.kiska.com

☆ ☆ Nekuda Designing Desire   www.nekudadm.com

☆ ☆ Industrial + Expo   www.a1-productdesign.com

☆ ☆ BEGER DESIGN   www.beger-design.com

☆ ☆ Designbüro   www.erdmann.ch

☆ ☆ mehnert corporate design   www.mehnertdesign.de

☆ ☆ molldesign: produktdesign   www.molldesign.de

☆ ☆ Budde Industriedesign   www.budde-design.de

☆ ☆ HENSSLER UND SCHULTHEISS   www.henssler-schultheiss.de

☆ ☆ XXD Produktdesign GmbH   www.xxd.de

☆ ☆ Award winning Industrial Design   www.industrial-design-germany.com

☆ ☆ Schünemann Design   www.schuenemanndesign.de

☆ ☆ Botta-Design   www.botta-design.de

☆ ☆ Studio 7.5   www.seven5.com

☆ Kom&Co.Design   www.kom-co.jp

☆ Prodesign   www.prodesign-ulm.de

☆ Padwa Design   www.padwa-design.com

参考文献

[1] （日）原研哉. 设计中的设计 [M]. 朱锷译. 济南：山东人民出版社，2006.

[2] 叶丹. 基础设计 [M]. 南昌：江西美术出版社，2010.

[3] 叶丹，张祥泉. 设计思维 [M]. 北京：中国轻工业出版社，2015.

[4] 霍郁华等. 我的世界是圆的 [M]. 北京：航空工业出版社，2005.

[5] 洛可可创新设计 MOOC. 牛首山 – 春语 [DB/OL] http://i.youku.com/. 2016.

[6] 林璐. 快题设计——工业设计创意与表达 [M]. 北京：高等教育出版社，2009.

[7] 王庆斌. 工业设计考研手绘快题表达攻关宝典 [M]. 南京：江苏凤凰美术出版社，2016.

[8] 上海 ID 设计坊. 中国工业设计考研蓝宝书 [M]. 南京：江苏凤凰美术出版社，2014.

[9] 度本图书. 国际产品设计师手绘集：创意·深化·表达 [M]. 北京：中国青年出版社，2015.

[10] （荷）Koos Eissen, Roselien Steur. Sketching The Basics [M]. BIS Publisher, 2011.

[11] （荷）艾森，斯特尔. Sketching 产品设计手绘技法 [M]. 陈苏宁译. 北京：中国青年出版社，
     2009.

[12] 尹欢. 产品色彩设计与分析 [M]. 北京：国防工业出版社，2015.